Annette Schmitt

Dackel

Premium Ratgeber

unter Mitarbeit von
Dieter Honsálek

bede bei Ulmer

Inhalt

Von den Ursprüngen zur Reinzucht

Bereits im 16. Jahrhundert wurden Erdhunde in Kunstbauen auf die Bodenjagd vorbereitet.

Die Geschichte des Dackels, der auch unter den Namen Deutscher Teckel und Dachshund bekannt ist, reicht weit zurück: Bereits im alten Ägypten wurden auf Abbildungen oder als Mumien in Gräbern kurzbeinige Zwerghunde gefunden. Ähnliche Hunde sind aus der vorkolumbianischen Zeit in Mittelamerika bekannt und auch aus dem alten Germanien. Diese hatten allerdings im Vergleich zum heutigen Dackel meistens eine kürzere Schnauze. Niederläufige, zur Jagd verwendete Erdhunde werden erst einige Jahrhunderte später erwähnt. In einem Buch beschreibt der Franzose Jacques du Fouillox 1561 zwei verschiedene Arten von Hunden, die er noch verallgemeinernd „Bassets" nannte: die einen haben kurze, krumme Beine und kurzes Haar, die anderen starke, gerade Beine und raues, zotteliges Haar. Derartige Erdhunde wurden bereits damals in Kunstbauen auf die Bodenjagd vorbereitet. Fouillox schreibt dazu: „Die mit den krummen Füßen fallen geschwinder in den Bau und sind auch für den Dachs viel besser, da sie länger ausharren mögen."

Nähere Angaben zu dackelähnlichen Hunden gab es ab 1700. Auf Bildern dieser Zeit werden die Vorläufer des heutigen Dackels „Tachs-Kriecher", „Tachs-Krieger", „Tachs-Schlieffer" oder „Tachs-Würger" genannt. Fleming berichtet 1719 in seinem Buch „Der Vollkommene Teutsche Jäger" über den „Dachskriecher" als Zwergjagdhund, der lang und schmal ist, krumme, kurze Beine hat und sich von der Farbe her meist rot oder schwärzlich zeigt. Seinen Angaben zufolge sollen diese Hunde Hasen, Füchse, Dachse und Iltisse aufstöbern und sogar aus ihrem Bau ausgraben. Er schreibt: „Sie kriechen, treiben und stöbern ihr Wild, schlagen an und stehen vor mit einem solchen Fleiß und Eifer, um ihrem Jäger anzuzeigen, wo das Wild sich aufhalte." Dafür qualifizieren den Dachshund lebenswichtige, charakterliche Eigenschaften, die 1812 von Dr. Walther als „tückisch, tapfer, streitsüchtig (auch mit jedem noch so großen Hund) und sehr zäh" zusammengefasst werden. 1836 beschreibt Dr. Reichenbach erstmals verschiedene Varianten dieser vierbeinigen Jagdbegleiter, so zum Beispiel den schweinschwänzigen, den gestreiften, den bunten oder den eigentlichen Dachshund, dessen Fell kurz und glatt, glänzend schwarz mit rostroten Abzeichen ist.

Ab 1700 existieren nähere Angaben über dackelähnliche Hunde.

Für die Bauarbeit qualifizieren den Dackel lebenswichtige Eigenschaften, die schon 1812 als „tückisch, tapfer, streitsüchtig und sehr zäh" beschrieben wurden.

Der Verein Jagd-Teckel e.V. hatte seit jeher das Ziel, die jagdlichen Eigenschaften des Dackels weiter zu fördern und der reinen Schönheitszucht entgegenzuwirken.

Die systematische Zucht beginnt

1840 wurden die ersten 54 Teckel in das 1. Deutsche Hundestammbuch eingetragen. Ab Mitte des 19. Jahrhunderts begannen adelige Züchter schließlich damit, systematisch nach festgelegten Rassemerkmalen zu züchten. Die Jäger wollten einen Allroundjagdhund schaffen, der nicht nur für die Bodenjagd zu gebrauchen ist. Zudem sollte er gut in der Familie zu halten sein. Damals war der sogenannte „Dachsschliefer" noch sehr krummbeinig. Erst später wirkte man züchterisch darauf ein. Heute gelten krumme Beine als Zuchtfehler. Besonders wichtig für den Aufbau der Zuchtlinien des heutigen Dackeltyps waren W.v. Daake aus Osterode und Revierförster Steck aus Schorndorf, die um 1868 mit der Zucht von kleinen, brackenähnlichen Stöberhunden begannen. 1879 wurde der erste Rassestandard aufgestellt, der bis heute in den Grundzügen nicht wesentlich verändert ist. Während sich in England bereits 1881 der erste Dachshundeclub formierte, gründeten Klaus Graf Hahn und E. Ilgner erst sieben Jahre später den „Deutschen Teckelklub (DTK)", der heute an die 20.000 Mitglieder zählt und als zweitältester Hundezuchtverein im VDH gilt. 1890 erschien schließlich der von E.v. Otto herausgegebene erste Band des Teckelstammbuches. Die in Deutschland damals maßgeblichen Zuchttiere stammten hauptsächlich aus Württemberg.

Im September 1989 gründeten Jäger aus dem gesamten Bundesgebiet einen weiteren Rassezuchtverein, nämlich den Verein Jagd-Teckel e.V. (VJT), mit dem Ziel, die jagdlichen Eigenschaften des Dackels weiter zu fördern und somit der reinen Schönheitszucht entgegenzuwirken. Auch der rund 1000 Mitglieder zählende VJT züchtet nach dem Internationalen Zuchtreglement der FCI und der Zuchtordnung des VDH, ist jedoch, anders als der DTK, noch kein anerkanntes Mitglied im VDH. Die Aufnahme in den VDH wird jedoch von Seiten des VJT angestrebt.

Eine Rasse, drei verschiedene Haararten

Die verschiedenen Haararten verdankt der Dackel der Einkreuzung anderer, niederläufiger Hunderassen, die seine jagdlichen Qualitäten weiter verbessern sollten. So war der ursprüngliche Dackeltyp kurzhaarig; dabei strebten die

Die kurzhaarige Variante ist der ursprüngliche Dackeltyp.

Der Langhaardackel entstand wahrscheinlich aus dem Kurzhaardackel, Wachtelhunden, Settern und Spaniels.

Züchter ein sehr derbes Haar mit reichlich Unterwolle an. Verfeinert wurde sein Aussehen durch die Verpaarung mit Hannoverschen Schweißhunden. Alten Jagdschriftstellern zufolge, gab es unter den Erdhunden am häufigsten braune oder schwarze Vierbeiner mit gelben Abzeichen. Der schwarz-rote Kurzhaardackel gilt noch heute als derjenige, der das alte Brackenerbe am deutlichsten zeigt.
Rauhaardackel sollen nichts anderes als niederläufig gezüchtete, rauhaarige Bracken gewesen sein. Diese gingen jedoch allmählich verloren. Um die rauhaarige Varietät nun wieder zu rekonstruieren, verpaarten Züchter Kurzhaardackel mit Zwergschnauzern und rauhaarigen Terriern. Dadurch verstärkte sich die Raubzeugschärfe der Hunde. Nachdem jedoch vermehrt Dandie Dinmont Terrier eingekreuzt wurden, stellte sich das Haar dieser Nachkommen bald als zu weich und zu wenig wetterfest heraus. Daraufhin distanzierte man sich wieder mehr und mehr von den Terriern mit dem seidigen Fell.
Die Entstehung des Langhaardackels ist etwas umstritten. Trotzdem gilt er als der erste und älteste Abkömmling der kurzhaarigen Ursprungsform. Möglicherweise ging er aus Verpaarungen zwischen Kurzhaardackeln und Wachtelhunden hervor. Eventuell waren auch Spaniel und Setter beteiligt. Für den Langhaardackel wurde erst zu Beginn des 20. Jahrhunderts ein eigenes Zuchtregister geschaffen. Eine Kreuzung aller drei Haararten untereinander ist heutzutage nicht mehr erlaubt.

Der Rauhaardackel liegt vorn

Neben dem normalen Schlag gibt es zusätzlich zwei Kleinformen, nämlich den Zwerg- und den Kaninchenteckel. Der Kleinste unter ihnen, der Kaninchenteckel, wurde einst gezüchtet, um das Jagdfrettchen bei der Kaninchenjagd abzulösen. Allgemein entstanden die Zwergformen des Dackels durch Selektion und ganz gezielte Kreuzung kleiner Exemplare untereinander. Alle drei Größenvarianten werden im Gegensatz zu anderen Rassen nicht nach Schulterhöhe, sondern nach Brustumfang unterschieden.
Heutzutage steht der Rauhaardackel in der Beliebtheitsskala an erster Stelle vor dem Lang- und dem Kurzhaardackel. Inzwischen ist der einstige Jagdgefährte immer mehr zum reinen Familienhund geworden. Nur etwa ein

Wussten Sie schon …?

Ursache für die kurzen Läufe des Teckels oder auch des Bassets ist die Chondrodystrophie, eine genetisch bedingte Entwicklungsstörung der knorpeligen Skelettanlage. Durch sie wird das Knorpelwachstum, vor allem der Röhrenknochen vorzeitig gehemmt und abgeschlossen. Somit bleiben die Dackelbeinchen stets kurz, denn sie sind die Folge einer gezielten Selektion.

Der Rauhaardackel führt die Beliebtheitsskala der Teckel an; er kommt vor dem lang- und dem kurzhaarigen Rassevertreter.

Drittel aller Teckel wird noch jagdlich geführt, obwohl der Dachshund ein äußerst vielseitiger Jagdbegleiter bei einem sehr praktischen Format ist. Der Deutsche Teckel Klub e.V. und der Verein für Jagd-Teckel e.V. tun jedoch ihr Übriges, die jagdlichen Eigenschaften und somit die eigentliche Bestimmung des Dackels nicht in Vergessenheit geraten zu lassen. So stehen jagdlich interessierten Hundeführern Übungslehrgänge und Prüfungen offen, die regelmäßig an verschiedenen Orten abgehalten werden. Beide Vereine sind übrigens Mitglied im Jagdgebrauchshundeverband e.V. (JGHV), dem Dachverband aller Jagdhundzucht- und Prüfungsvereine.

Die Welpenzahlen sind in den letzten Jahren stark gesunken, trotzdem gilt der Fortbestand der Rasse als gesichert.

Obwohl der kleine Spring-ins-Feld seit vielen Jahren nach dem deutschen Schäferhund die zweitbeliebteste Hunderasse in Deutschland ist, sind die Welpenzahlen in den letzten Jahren deutlich zurückgegangen. Während in den 1970er-Jahren, als der Dackel „Waldi“ 1972 das gefeierte Maskottchen der Olympischen Spiele in München war, etwa 25.000 Welpen jährlich fielen, gab es 2009 nur noch an die 6700 Eintragungen im Zuchtbuch des Deutschen Teckel Klubs e.V. (DTK). In der Presse war bereits vom Beginn des Aussterbens der Rasse die Rede. Die Zuchtvereine jedoch sehen die augenblicklichen Welpenzahlen als realistisch und den Fortbestand des Dackels als gesichert an, denn ein solcher Welpenboom hat bisher noch jeder Rasse geschadet.

Der Dackel wird als Jagdhund über und unter der Erde verwendet.

Rassestandard

Im Standard ist festgehalten, wie ein perfekter Hund einer Rasse auszusehen hat. Aber auch ein kurzer Einblick in Veranlagung und Wesen wird darin gegeben.

Dachshund

FCI-Standard Nr. 148/09.05.2001/D
Ursprung Deutschland
Datum der Publikation des gültigen Originalstandards 13.03.2001
Verwendung Jagdhund über und unter der Erde.

Klassifikation FCI Gruppe 4 Dachshunde. Mit Arbeitsprüfung.

Kurzer geschichtlicher Abriss Der Dachshund, auch Dackel oder Teckel genannt, ist seit dem Mittelalter bekannt. Aus Bracken wurden fortlaufend Hunde gezüchtet, die besonders für die Jagd unter der Erde geeignet waren. Aus diesen niederläufigen Hunden kristallisierte sich der Dachshund heraus, der als eine der vielseitigsten Jagdgebrauchshunderassen anerkannt ist. Er zeigt auch ausgezeichnete Leistungen über der Erde, wie im spurlauten Jagen, im Stöbern und auf der Schweißfährte.

Der älteste Zuchtverein für Teckel ist der Deutsche Teckelklub 1888 e.V. Der Dachshund wird seit Jahrzehnten in 9 Rassen gezüchtet. Es gibt 3 verschiedene Größen (Teckel, Zwergteckel, Kaninchenteckel) und 3 verschiedenen Haararten (Kurz-, Rau- und Langhaar).

Laut Standard ist der Dackel niedrig, kurzläufig und langgestreckt, aber von kompakter Gestalt.

Allgemeines Erscheinungsbild Niedrige, kurzläufige, lang gestreckte, aber kompakte Gestalt, sehr muskulös, mit keck herausfordernder Haltung des Kopfes und aufmerksamem Gesichtsausdruck. Geschlechtstypische Gesamterscheinung. Trotz der im Verhältnis zum langen Körper kurzen Gliedmaßen sehr beweglich und flink.

Wichtige Proportionen Bei einem Bodenabstand von etwa einem Drittel der Widerristhöhe soll die Körperlänge in einem harmonischen Verhältnis zur Widerristhöhe stehen, etwa 1 zu 1,7 bis 1,8.

Verhalten/Charakter (Wesen) Im Wesen freundlich, weder ängstlich noch aggressiv, mit ausgeglichenem Temperament. Passionierter, ausdauernder, feinnasiger und flinker Jagdhund.

Kopf - Oberkopf
Lang gestreckt, von oben und von der Seite gesehen, gleichmäßig bis zum Nasenschwamm schmäler werdend, jedoch nicht spitz. Augenbrauenbögen deutlich ausgebildet. Nasenknorpel und Nasenkuppe lang und schmal.
Schädel Eher flach, allmählich in den leicht gewölbten Nasenrücken verlaufend.
Stopp Nur angedeutet.

Der typische Dackelkopf ist nicht nur äußerlich markant, er hat es auch faustdick hinter seinen Öhrchen.

Gesichtsschädel
Nasenschwamm Gut entwickelt.
Fang Lang, genügend breit und kräftig. Weit zu öffnen, bis in Höhe der Augen gespalten.
Kiefer/Zähne Stark entwickelte Ober- und Unterkiefer. Scherengebiss, regelmäßig und satt schließend. Idealweise vollzahnig mit 42 Zähnen entsprechend der Zahnformel, mit kräftigen, genau ineinander greifenden Eckzähnen.
Lefzen Straff anliegend, den Unterkiefer gut deckend.
Augen Mittelgroß, oval, gut auseinander liegend, mit klarem, energischem und doch freundlichem Ausdruck, nicht stechend. Farbe leuchtend dunkelrotbraun bis schwarzbraun bei allen Farben der Hunde. Glas-, Fisch- oder Perlaugen bei gefleckten Hunden sind nicht erwünscht, jedoch zu tolerieren.
Behang Hoch, nicht zu weit vorne angesetzt, ausreichend, aber nicht übertrieben lang, abgerundet, beweglich, mit dem vorderen Saum dicht an der Wange anliegend.

Hals
Genügend lang, muskulös; straff anliegende Kehlhaut; mit leicht gewölbtem Nacken, frei und hoch getragen.

Körper
Obere Profillinie Harmonisch vom Nacken bis zur leicht abfallenden Kruppe verlaufend.
Widerrist Ausgeprägt.
Rücken Nach dem hohen Widerrist im Verlauf der weiteren Brustwirbel gerade oder leicht nach hinten geneigt verlaufend. Fest und gut bemuskelt.
Lenden Kräftig bemuskelt, genügend lang.
Kruppe Breit und genügend lang, leicht abfallend.
Brust Brustbein gut ausgeprägt und so stark vorspringend, dass sich an beiden Seiten leichte Gruben zeigen. Der Brustkorb ist von vorn gesehen oval, von oben und von der Seite ge-

Gerade beim Kurzhaardackel wirkt der Hals besonders lang.

sehen großräumig, Herz und Lunge volle Entwicklung gewährend, weit nach hinten aufgerippt. Bei richtiger Länge und Winkelung von Schulterblatt und Oberarm verdeckt der Vorderlauf in Seitenansicht den tiefsten Punkt der Brustlinie.

Untere Profillinie und Bauch Leicht aufgezogen.

Rute Nicht zu hoch angesetzt, in Verlängerung der Rückenlinie getragen. Im letzten Drittel der Rute ist eine geringfügige Krümmung zulässig.

Gliedmaßen

Vorderhand Kräftig bemuskelt, gut gewinkelt; von vorne gesehen trockene, gerade gestellte Vorderläufe von guter Knochenstärke mit gerade nach vorn gerichteten Pfoten.

Schultern Plastisch bemuskelt. Langes, schräg liegendes Schulterblatt, eng am Brustkorb anliegend.

Oberarm Von gleicher Länge wie das Schulterblatt, nahezu im rechten Winkel zu diesem stehend, starkknochig und gut bemuskelt, an den Rippen anliegend, aber frei beweglich.

Ellenbogen Weder ein- noch ausdrehend.

Unterarm Kurz, jedoch so lang, dass der Bodenabstand des Hundes etwa ein Drittel seiner Widerristhöhe beträgt. Möglichst gerade.

Vorderfußwurzelgelenk Die Vorderfußwurzelgelenke stehen einander etwas näher als die Schultergelenke.

Vordermittelfuß Der Vordermittelfuß soll, von der Seite gesehen, weder steil stehen noch auffällig nach vorne gerichtet sein.

Vorderpfoten Zehen eng aneinanderliegend, gut gewölbt, mit kräftigen, widerstandsfähigen, gut gepolsterten Ballen und kurzen, starken Krallen. Die fünfte Zehe hat keine Funktion, darf aber nicht entfernt werden.

Hinterhand Kräftig bemuskelt, in guter Proportion zur Vorderhand. Knie- und Sprunggelenke stark gewinkelt, Hinterläufe parallel, weder eng noch weit auseinandergestellt.

Oberschenkel Soll von guter Länge und kräftig bemuskelt sein.

Kniegelenk Breit und kräftig mit ausgeprägter Winkelung.

Der Dackel hat eine nicht zu hoch angesetzte Rute, die in der Verlängerung der Rückenlinie getragen wird.

Unterschenkel Kurz, annähernd im rechten Winkel zum Oberschenkel stehend, gut bemuskelt.
Sprunggelenk Kräftig sehnig und trocken.
Hintermittelfuß Relativ lang, gegen den Unterschenkel beweglich, leicht nach vorn gebogen.
Hinterpfoten Vier eng aneinanderliegende Zehen, gut gewölbt. Voll auf den kräftigen Ballen fußend.
Gangwerk Der Bewegungsablauf soll raumgreifend, fließend und schwungvoll sein, mit weitem, bodennahem Vortritt, kräftigem Schub und eine leicht federnde Übertragung auf die Rückenlinie bewirken. Die Rute soll dabei in harmonischer Verlängerung der Rückenlinie, leicht abfallend, getragen werden. In der Aktion sind Vorderhand und Hinterhand parallel ausgreifend.

Haut

Straff anliegend.

Haarkleid, Kurzhaar

Haar Kurz, dicht, glänzend, glatt anliegend, fest und hart, nirgends unbehaarte Stellen zeigend.
Rute Fein, voll, aber nicht zu reichlich behaart. Etwas längeres Grannenhaar an der Unterseite ist nicht fehlerhaft.
Farbe a) Einfarbige: Rot, rotgelb, gelb, alles mit oder ohne schwarze Stichelung. Indes ist reine Farbe vorzuziehen und rot wertvoller als rotgelb und gelb zu betrachten. Auch stark schwarz gestichelte Hunde gehören hierher und nicht unter die andersfarbigen. Weiß ist nicht erwünscht, aber in einzelnen kleinen Flecken nicht ausschließend. Nase und Krallen schwarz; rötlich braun ist auch zulässig, aber nicht erwünscht.
b) Zweifarbige: Tiefschwarz oder braun, je mit rostbraunen oder gelben Abzeichen (Brand) über den Augen, an den Seiten des Fanges und der Unterlippe, am inneren Behangrand, an der Vorbrust, an den Innen- und Hinterseiten der Läufe, an den Pfoten, um den Anus und von dort bis etwa ein Drittel bis zur Hälfte der Unterseite der Rute. Nase und Krallen bei schwarzen Hunden schwarz, bei braunen Hunden braun. Weiß ist nicht erwünscht, aber in einzelnen kleinen Flecken nicht ausschließend. Ein zu stark verbreiteter Brand ist unerwünscht.
c) Gefleckte (getigerte, gestromte): Die Grundfarbe ist immer die dunkle Farbe (schwarz, rot oder grau). Erwünscht sind unregelmäßige graue aber auch beige Flecken (nicht erwünscht sind große Platten). Weder die dunkle noch die helle Farbe soll überwiegen. Die Farbe des gestromten Teckels ist rot oder gelb mit dunkler Stromung. Nase und Krallen wie bei den Ein- und Zweifarbigen.

Alle Rauhaardackel zeigen einen deutlich ausgeprägten Bart.

Haarkleid, Rauhaar

Haar Mit Ausnahme von Fang, Augenbrauen und Behang am ganzen Körper mit Unterwolle durchsetztes, vollkommen gleichmäßig anliegendes, dichtes, drahtiges Deckhaar. Am Fang zeigt sich ein deutlich ausgeprägter Bart. Die Augenbrauen sind buschig. Am Behang ist die Behaarung kürzer als am Körper, fast glatt. Rute gut und gleichmäßig, eng anliegend behaart.

Farbe Überwiegend hell- bis dunkelsaufarben sowie dürrlaubfarben. Weiterhin gelten die Farben wie beim Kurzhaar unter a) bis c) beschrieben.

Haarkleid, Langhaar

Haar Das mit Unterwolle versehene schlichte, glänzende Haar, am Körper anliegend, verlängert sich unter dem Hals und an der Unterseite des Körpers, hängt am Behang über, zeigt an der Hinterseite der Läufe eine deutlich längere Behaarung (Befederung), erreicht seine größte Länge an der Unterseite der Rute und bildet dort eine vollständige Fahne.

Farbe: Wie beim Kurzhaar unter a) bis c) beschrieben.

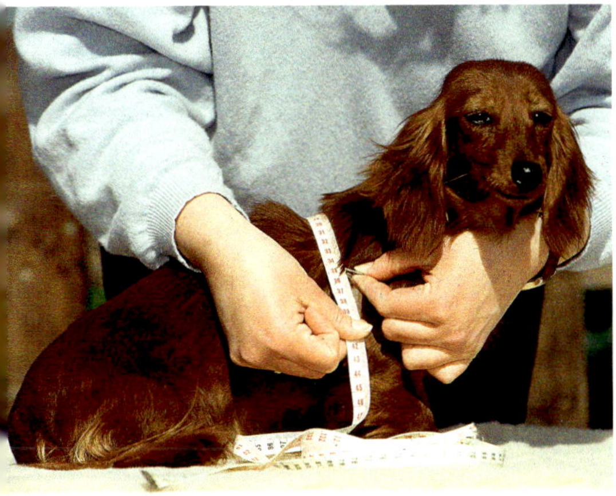

Dackel werden anhand ihres Brustumfangs in die unterschiedlichen Größenklassen eingeteilt.

Langhaarige Dackel sehen besonders edel aus.

Größe und Gewicht

Teckel Brustumfang über 35 cm. Gewichtsobergrenze etwa 9 kg.

Zwergteckel Brustumfang über 30 bis 35 cm, im Alter von mindestens 15 Monaten.

Kaninchenteckel Brustumfang bis zu 30 cm, im Alter von mindestens 15 Monaten.

Fehler

Jede Abweichung von den vorgenannten Punkten muss als Fehler angesehen werden, dessen Bewertung in genauem Verhältnis zum Grad der Abweichung stehen sollte und dessen Einfluss auf die Gesundheit und Wohlbefinden des Hundes zu beachten ist.

Die M3 (Molaren 3) bleiben bei der Beurteilung unberücksichtigt. Das Fehlen von zwei PM1 (Prämolaren 1) ist nicht als Fehler zu werten. Als Fehler ist das Fehlen eines PM2 zu werten, wenn außer den M3 keine weiteren Zähne fehlen, ebenso eine Abweichung vom korrekt schließenden Scherengebiss wie z. B. das Zangengebiss.

Ihn lässt das ganze kalt, trotzdem muss jede Abweichung vom Standard als Fehler angesehen werden.

Schwere Fehler

- Schwächliche, hochläufige oder am Boden schleppende Gestalt.
- Andere Zahnfehler als unter Fehler bzw. ausschließende Fehler beschrieben.
- Glasaugen bei anderen als gefleckten Hunden.
- Spitze, sehr faltige Behänge.
- In den Schultern hängender Körper.
- Senkrücken, Karpfenrücken.
- Schwache Lendengegend.
- Stark überbauter Hund (Kruppe steht höher als der Widerrist).
- Zu schwacher Brustkorb.
- Windhundartig aufgezogene Flanke.
- Schlecht gewinkelte Vorder- und Hinterhand.
- Schmale, muskelarme Hinterhand.
- Kuhhessigkeit, Fassbeinigkeit.
- Einwärts oder zu sehr nach auswärts gedrehte Pfoten.
- Gespreizte Zehen.
- Schwerfälliger, unbeholfener, watschelnder Gang.

Behaarung, Kurzhaarteckel

- Zu feines, dünnes Haar; haarlose Stellen an den Behängen (Lederohren), sonstige haarlose Stellen.
- Allzu grobes, langes Haar.
- Bürstenrute.
- Teilweise oder in ganzer Länge unbehaarte Rute.

Behaarung, Rauhaarteckel

- Weiches Haar, ob kurz oder lang.
- Langes, in allen Richtungen vom Körper abstehendes Haar.
- Gelocktes oder welliges Haar.
- Weiches Kopfhaar.
- Fahnenrute.
- Fehlender Bart.
- Fehlende Unterwolle.
- Kurzhaarigkeit.

Die Beschaffenheit des Felles des Rauhaardackels ist im Standard genau definiert.

Behaarung, Langhaarteckel

- Am ganzen Körper gleichmäßig lange Behaarung.
- Gewelltes oder struppiges Haar.
- Fehlen der Fahnenrute.
- Fehlen des überhängenden Haares am Behang.
- Kurzhaarigkeit.
- Stark gescheiteltes Haar auf dem Rücken.
- Zu lange Behaarung zwischen den Zehen.

Ausschließende Fehler

- Sehr ängstliches oder aggressives Wesen.
- Vorbiss, Rückbiss, Kreuzbiss.
- Fehlstellung der Unterkiefereckzähne.
- Fehlen eines oder mehrerer Canini oder eines oder mehrerer Incisivi.
- Das Fehlen von anderen Prämolaren oder Molaren. Ausnahmen: Die unter Fehlern genannten zwei PM1 bzw. einem PM2 ohne Berücksichtigung der M3.
- Abgesetzte Brust.
- Sämtliche Rutenfehler.
- Sehr lose Schultern.
- Knicken im Vorderfußwurzelgelenk.
- Schwarze Farbe ohne Brand; weiße Farbe mit oder ohne Brand. Andere Farben als unter Farbe aufgelistet.

Hunde, die deutlich physische Abnormalitäten oder Verhaltensstörungen aufweisen, müssen disqualifiziert werden.

Nachbemerkung

Rüden müssen zwei offensichtlich normal entwickelte Hoden aufweisen, die sich vollständig im Hodensack befinden.

Kennen Sie den Tigerdackel?

Die Tigerdackelfärbung kommt durch den Merlefaktor zustande. Es handelt sich hierbei um helle Flecken auf schwarzer, roter oder brauner Grundfarbe, die eigentlich aus einem genetischen Defekt entstehen. Daher können solche Hunde bei einer Verpaarung untereinander auch taub und/oder blind sein. Das Risiko von unerwünschten Anomalien ist nahezu ausgeschlossen, wenn Tigerteckel mit zweifarbigen Dackeln gepaart werden, daher befolgen die Zuchtvereine strikt das Tierschutzgesetz und verbieten eine Kreuzung von Tigerdackeln untereinander.

Die Tigerdackel-Färbung beruht auf einem genetischen Defekt.

Ein Dackel überlegt oft erst, ob es sich lohnt, zu folgen.

Verhalten und Charakter

Gerade als Familienhund eilt dem Dachshund der Ruf voraus, besonders dickköpfig und fast unerziehbar zu sein. Dies stimmt so nicht und beruht auf einem Missverständnis seines Verhaltens. Der Teckel wurde dazu gezüchtet, im Bau völlig auf sich alleine gestellt Fuchs, Dachs oder Kaninchen aufzuspüren, sich gegebenenfalls mit ihm anzulegen, nicht nachzugeben und ihn aus dem Bau zu treiben. Diese Handlungen verlangen eine große Selbstständigkeit vom Hund, die in der Familie leicht als Ungehorsam ausgelegt werden kann. Da der kleine Erdhund eine sehr ausdrucksvolle und oft herzerweichende Mimik hat, ist bei der Erziehung natürlich ein gewisses Durchhaltevermögen und große Standhaftigkeit von Nöten. Ein Dackel wird nie wie am Schnürchen folgen, vielmehr überlegt er häufig erst, ob es für ihn sinnvoll ist, ein Kommando auszuführen. Andererseits heißt dies nicht, dass der Teckel nicht zu erziehen ist. Es ist sehr wichtig, schon dem Welpen von Anfang an deutlich zu machen, wer im Haus das Sagen hat. Das Einführen klarer Regeln und Grenzen ist also das A und O in seiner Erziehung, denn nur dann zeigt sich der kleine Kerl als ausgeglichener, leichtführiger Begleiter. Strikte Konsequenz und liebevolle Strenge sind hierbei sehr wichtig.

Kreativität ist Trumpf

Zudem ist der Dackel für eine abwechslungsreiche, spielerische Erziehung empfänglich. Hat er keinen Spaß an der Sache, schaltet er schnell auf stur. Viel Geduld und eine gehörige Portion Kreativität dürfen im Umgang mit dem cleveren Temperamentsbolzen also ebenfalls nicht fehlen. Auf diese Weise ist auch sein angeborener Jagdtrieb gut steuerbar, sodass man den Dachshund später auf Spaziergängen unbesorgt frei laufen lassen kann. Dabeisein und im Mittelpunkt stehen ist für ihn alles, deshalb ist Herrchens Nichtachtung die größte Strafe. Möglicherweise zeigt er als Charakterhund aber anschließend seinerseits der Familie für ein paar Stunden beleidigt die kalte Schulter.

Da der Dackel im Umgang mit anderen Hunden manchmal etwas zum Größenwahn neigt, ist eine frühzeitige Sozialisierung sehr wichtig. Bei einer optimalen Prägung ist er gut an andere Haustiere zu gewöhnen und auch später noch sehr verträglich mit Artgenossen. Bekannt ist der drollige Vierbeiner für sein komödiantisches Talent, das er gerne gekonnt zu seinen Gunsten einsetzt. Im Umgang mit einem Dackel darf also nie ein Augenzwinkern fehlen. Für humorlose Spaßbremsen ist der vierbeinige Individualist daher sicherlich nicht der passende Begleiter.

Vielseitiger Allrounder für Jung und Alt

Trotz seiner geringen Größe ist der Teckel ein richtiger Allroundhund. Bei Jägern ist er nicht mehr nur als Erdhund begehrt, sondern zusätzlich wegen seiner hervorragenden Stöberhundqualitäten bei der Nachsuche und im Wasser. Mit seiner liebenswerten, anhänglichen und fröhlichen Art, erfreut er sich jedoch auch bei Nichtjägern jeden Alters großer Beliebtheit. Im Haus ist der schlappohrige Charakterkopf sehr anschmiegsam, verschmust und liebebedürftig. Gemütlichen Fernsehabenden auf der Couch ist er daher nicht abgeneigt. Diese sollten jedoch nur erlaubt sein, wenn dem selbstbewussten Kerlchen seine untergeordnete Stelle in der Familie wirklich klar ist, ansonsten kann er das Privileg eines erhöhten Liegeplatzes schon mal mit einem etwas aufmüpfigem Verhalten quittieren. Zu betonen sei allerdings, dass nicht jeder Teckel automatisch ein durchsetzungsfreudiger „Frechdachs“ ist, schließlich gibt es auch ausgesprochene Sensibelchen, die man sprichwörtlich mit Samthandschuhen anfassen muss, um sie nicht zu verstören. Den drolligen Vierbeiner, der oft zum lustigen Clown mutiert, verkörpert er ebenso wie den kleinen Großen, der mit all seinem Mut und seiner

Im Umgang mit anderen Hunden neigen Dackel manchmal zu Größenwahn; daher ist eine frühzeitig Sozialisierung sehr wichtig.

Dackel gelten grundsätzlich als sehr kinderlieb, trotzdem muss ein verantwortungsvoller Umgang miteinander erst einmal erlernt werden.

Die meisten Dackel lieben Wasser und nutzen jede Gelegenheit für ein kleines Bad.

Kraft Haus und Garten verteidigt; der Dackel ist also auch sehr wachsam. Besonders hervorzuheben ist die erstaunliche Anpassungsfähigkeit dieser Zwerghunde. Schnell haben sie sich mit allem und jedem arrangiert. Das ausgelassene Spiel mit Kindern lieben sie genauso wie den gesitteten Spaziergang mit alten Menschen. Die Kinderliebe kommt allerdings nur zum Tragen, wenn Hund und Kind von Anfang an zu einem verantwortungsvollen Verhalten und Umgang miteinander angeleitet wurden.

Kleiner Kobold sucht Aufgabe

Wegen seiner geringen Größe kann der Dackel auch gut in einer Wohnung gehalten werden. Trotz allem darf man dabei aber wieder einmal seine Vergangenheit als Jagdhund nicht vergessen und muss bedenken, dass der kleine Schelm zum wahren Glück eine Aufgabe braucht, die ihn fordert. Ansonsten wird er schnell unleidig und sucht sich selbst eine Betätigung wie beispielsweise eine übertriebene Bewachung und Verteidigung seines Zuhauses in Dauerkläffer- und Wadenbeißermanier. Als Animation reichen häufig schon ein paar Leckerlis, denn für die tut er (fast) alles. So kann man als Nichtjäger Waldis jagdliches Erbe beispielsweise fördern, indem man ihn die Hausschuhe oder die Zeitung apportieren

Als waschechte Bauhunde haben sich viele Rassevertreter bis heute ihre Buddelleidenschaft erhalten.

In einer Dackelseele soll es menscheln ...

lässt. Außerdem darf für den temperamentvollen und lauffreudigen Hund die tägliche Bewegung nicht zu kurz kommen. Gerne begleitet er seine Menschen auf langen Spaziergängen und ist hierbei sehr ausdauernd. Die meisten Dackel sind zudem kleine Wasserratten, die vor keiner Pfütze, keinem Bach oder Teich Halt machen.

Ein weiteres großes Hobby liegt in der einstigen Bestimmung als Erdhund begründet: Der clevere Racker buddelt für sein Leben gern. Gartenbesitzer müssen sich also schon vorab darauf einstellen, dass mit dem Einzug eines Dackels auch die Umgestaltung ihres Gartens vorprogrammiert sein kann. Am besten bekommt der quirlige Kobold dann eine eigene Buddelecke zugewiesen, in der er seiner Leidenschaft nach Herzenslust frönen darf. Steht hierfür kein natürlicher Bereich zur Verfügung, bietet ein kleiner Sandkasten unter Umständen einen adäquaten Ersatz.

Da der pfiffige Zwerg sehr gerne frisst, müssen Halter unbedingt auf eine sportliche Linie achten, damit der Hund nicht dick und träge wird. Zusätzlich kann schädliches Übergewicht den Ausbruch der gefürchteten Dackellähme begünstigen. Um also nicht ständig auf den Bettelblick der großen, treuen Kulleraugen reinzufallen, ist in jedem Fall eine gewisse Standhaftigkeit seitens aller Familienmitglieder von Nöten.

Horst Stern über den Dackel

„Man weiß bei einem Dackel nie, welche Tränen man gerade in den Augen hat: solche des Lachens, der Liebe oder der Wut. In der Dackelseele menschelt es wie in keiner anderen Hundeseele." aus dem Buch „Bemerkungen über den Hund"

Die quirligen Energiebündel brauchen viel Spaß und Abwechslung, um ausgeglichen und glücklich zu sein.

Der Dackel heute

Aufgrund seiner großen Anpassungsfähigkeit und Arbeitsfreude sowie seines praktischen Formates ist der Dackel ein sehr vielseitiger Begleiter. Zwar wird er hauptsächlich als Familienhund gehalten, trotzdem ist er auch immer noch ein sehr populärer Jagdhund. Da die eigentliche Bestimmung des arbeitsamen Vierbeiners im jagdlichen Einsatz liegt und etliche Dackel nach wie vor im Revier geführt werden, ist dem Jagdgebrauch ein eigenes Kapitel in diesem Buch gewidmet. Ein Dackelhalter muss allerdings nicht unbedingt Jäger sein, um seinen Hund glücklich zu machen. Das quirlige Energiebündel freut sich auch über gemäßigte Hundesportarten wie Trickdogging, Mobility, Fährtensuche & Co. Außerdem ist der nette Vierbeiner ein toller Begleiter beim Joggen, Walken oder Wandern. Selbst an Fahrradausflügen nimmt er gerne teil, allerdings wegen seiner kurzen Beine und des langen Körperbaus am besten in einem speziellen Fahrradkorb, in dem der Zwerg dann die Aussicht von oben genießen und sich den Fahrtwind um die Nase wehen lassen kann. Ein kleiner Sprint zwischendurch ist dabei natürlich immer wieder mal erlaubt. Wichtig ist einfach eine angemessene Auslastung mit viel Abwechslung.

Wegen seiner Feinfühligkeit, Menschenfreundlichkeit und seines liebenswerten, souveränen Auftretens ist der intelligente Vierbeiner ebenfalls ein toller Therapie- und Besuchshund. Altenheime, Krankenstationen oder Einrichtungen für Behinderte, die jemals mit einem Dackel zusammen-

arbeiten durften, möchten ihn nicht mehr missen, da seine Ausstrahlung auch von einem sehr charmanten Witz und einer herzerwärmenden Drolligkeit geprägt ist. Vor allem Kinder finden in dem einfühlsamen Vierbeiner einen liebevollen und zarten Seelentröster, wenn es darauf ankommt aber auch einen lustigen Clown, der gekonnt von Alltagsproblemen und Krankheiten ablenkt.

Picassos große Liebe

Der spanische Maler, Grafiker und Bildhauer Pablo Picasso hatte 1957 sein Herz an Kurzhaarteckel „Lump" verloren. 16 Jahre begleitete ihn der Rüde auf Schritt und Tritt. Von ihm malte Picasso nicht nur Portraits, sondern für „Lump" zeichnete er sogar einen Hasen. Am 29. März 1973 starb „Lump", Picasso selbst folgte ihm nur zehn Tage später.

Auch Picassos „Lump" war ein brauner Kurzhaardackel.

Wenn das komplette Rudel durch den Garten tobt, ist was los!

Anforderungen an den Halter

Ein intakter Gartenzaun ist wichtig, damit sich ein Dackel nicht selbstständig auf Wanderschaft begibt.

Fragen, die vorab zu klären sind

Überlegen Sie die Anschaffung eines Dackels gut, immerhin liegt seine durchschnittliche Lebenserwartung bei etwa 12 Jahren. Bedenken Sie daher schon im Vorfeld genau, ob es Ihnen finanziell möglich ist, für sämtliche Kosten, die der Hund mit sich bringt, über Jahre hinweg aufzukommen. Neben den Kosten für die Grundausstattung sowie für den Erwerb des Hundes selbst, schlägt sich die tägliche Futterration natürlich deutlich in Ihrem Geldbeutel nieder. Zusätzlich müssen Sie eine Haftpflichtversicherung sowie regelmäßige Impfungen und Entwurmungen bezahlen. Schnell kann Ihr Vierbeiner auch unvorhergesehen erkranken, unter Umständen sind sogar langwierige und teure tierärztliche Behandlungen nötig.

Vergessen Sie nicht, dass der kurzbeinige Dackel auch viel Dreck mit ins Haus bringt.

Überlegen Sie außerdem, ob die äußeren Gegebenheiten stimmen. Der anhängliche Vierbeiner sollte nicht, etwa aus Platzmangel in der Wohnung, in einem Zwinger gehalten werden. Hier würde der menschenbezogene Dackel physisch und psychisch verkümmern. Am wohlsten fühlt sich das kleine Energiebündel in einem ländlichen Heim mit Garten. Wichtig ist dabei ein genügend hoher, intakter Gartenzaun, damit sich Ihr Dackel auch unbeaufsichtigt draußen aufhalten kann, ohne zu entwischen.
Als zukünftiger Hundebesitzer müssen Sie sich außerdem darauf einstellen, dass ein vierbeiniger Mitbewohner viel Dreck mit ins Haus bringt. Ebenfalls darf der Fellwechsel im Frühjahr und Herbst nicht vergessen werden, der an Ihren Kleidern, Polstermöbeln und Teppichen nicht spurlos vorübergeht.
Fragen Sie nach, ob Ihr Vermieter mit der Anschaffung eines Hundes einverstanden ist. Erkundigen Sie sich auch, ob Sie den Hund, bei Abwesenheit aller anderen Familienmitglieder, mit ins Büro nehmen dürfen.
Denken Sie an die Ferienzeit: Sind Sie gewillt, in zukünftigen Urlauben mit Hund eventuelle Abstriche, Zielort und Unternehmungen betreffend, zu machen? Wollen Sie ohne Vierbeiner verreisen, überlegen Sie vorab, ob Sie einen lieben Hundesitter an der Hand hätten oder eine gute Hundepension bezahlen können. Auch manche Züchter nehmen ihren ehemaligen Nachwuchs gerne wieder in Pflege; fragen Sie schon bei der Anschaffung Ihres Welpen nach.

Der intelligente Vierbeiner ist am liebsten unverzichtbarer Partner seines Menschen.

Bedenken Sie unbedingt …

Schaffen Sie den Hund nicht für Ihre Kinder an, sondern für sich: Schnell verlieren Kinder das Interesse oder gehen, flügge geworden, aus dem Haus. Sie müssen voll und ganz hinter einer Hundeanschaffung stehen, denn die Hauptarbeit bleibt unter Umständen bald an Ihnen hängen.

Rassebedürfnisse

Passen die finanziellen und äußeren Gegebenheiten optimal zu einer Hundeanschaffung, überlegen Sie sich, ob Sie auf Dauer, das heißt ein Hundeleben lang, genügend Zeit und Lust haben, den Ansprüchen eines Dackels gerecht zu werden. Der Teckel ist ein temperamentvolles Energiebündel, das unbedingt gefordert werden muss, um ausgeglichen und glücklich zu sein. Der intelligente Vierbeiner braucht täglich viel Auslauf und zwar bei jedem Wetter. Dabei darf er nicht nur an der kurzen Leine

Das ist Lebensfreude pur!

geführt werden, sondern muss richtig rennen und toben können. Da der Dackel sehr anpassungsfähig ist, fühlt er sich eigentlich bei jedem Hundeliebhaber wohl, der einfühlsam mit liebevoller Strenge und großer Konsequenz auf sein Wesen eingeht. Weil der intelligente Vierbeiner für jeden Spaß zu haben ist, sollten auch seine Besitzer über eine gehörige Portion Humor und Kreativität verfügen. Teamarbeit ist für den Dackel enorm wichtig, so ist er gerne unverzichtbarer Partner seines Menschen. Der lustige Spring-ins-Feld liebt auch Hundesport, allerdings darf er aufgrund seines langen Körperbaus und der kurzen Beinchen nicht viel springen und sollte generell erst an sportliche Aktivitäten herangeführt werden, wenn er körperlich voll ausgereift ist, also mit etwa 1,5 Jahren. Abwechslung ist bei ihm Trumpf. Damit er sich nicht langweilt, darf deshalb auch Kopfarbeit nicht fehlen. Für einen Dackel ist also sehr viel Zeit nötig.

Treppen sind tabu

Ab und zu legt der nette Zwerg einen ziemlichen Sturkopf an den Tag. Stimmt allerdings die Chemie zwischen Ihnen und Ihrem Teckel, klappt es auch meistens mit dem Folgen. Generell darf einem Dackelhalter im Umgang mit seinem Vierbeiner ein stetes Augenzwinkern nicht fehlen.

Menschen, die einen Dackel rein als Prestigeobjekt ansehen oder den Hund nur aufgrund seines hübschen Aussehens und des praktischen Formats anschaffen, werden auf Dauer nicht glücklich mit einem fordernden Lebewesen wie es ein Hund nun mal ist. Auch der Vierbeiner hat hier vermutlich schlechte Karten, mit all seinen Bedürfnissen voll zum Zug zu kommen.

Wegen seiner kurzen Beinchen sollte der Teckel von Treppensteigen und hohen Sprüngen verschont bleiben, da dies den Ausbruch der berüchtigten Dackellähme fördern kann. Wohnen Sie in einem höheren Stockwerk eines Mehrfamilienhauses muss also entweder ein Lift vorhanden sein oder der Dackel über die Treppen getragen werden. Das Erkrankungsrisiko wird zusätzlich erhöht, wenn der Hund zu dick ist. Da die meisten Dachshunde sehr gerne fressen, ist auf eine sportliche Linie zu achten. Außer dieser genetisch bedingten Veranlagung gilt der Dackel gesundheitlich als robust und langlebig. Voraussetzung dafür ist natürlich, wie bei jeder Rasse, der Kauf eines Hundes bei einem seriösen Züchter aus FCI-/VDH-/JGHV-Zucht. So kann man von vornherein das Risiko der Inzucht und daraus resultierende andere Erbkrankheiten ausschalten. In der Fellpflege ist die Rasse ebenfalls sehr unproblematisch. Lang- und Rauhaardackel sollten gelegentlich gebürstet werden.

Ist es Ihnen möglich, einen Dackel gänzlich in Ihr Leben zu integrieren, geht es nun an die Auswahl des Hundes.

Auf den Punkt gebracht ...

„Ich kann Dackel nicht leiden. Dackel brechen einem das Herz und dann heben sie an den Bruchstücken ihr Bein auf." Horst Stern aus „Bemerkungen über den Hund"

Häufiges Treppensteigen und hohe Sprünge sollten unterbleiben, da dies den Ausbruch der Dackellähme fördern kann.

Im Umgang mit dem kleinen Schelm darf nie ein Augenzwinkern fehlen.

Ein Welpe hat noch viele Flausen im Kopf, daher kostet seine Erziehung Zeit, Geduld und manchmal auch Nerven.

Welpe oder erwachsener Hund?

Haben Sie sich für die Anschaffung eines Dackels entschieden, überlegen Sie sich, ob Sie einen Welpen oder einen erwachsenen Vierbeiner aufnehmen wollen. Ein Welpe ist wie ein Rohdiamant, den Sie erst schleifen müssen. Dies kostet viel Zeit und Geduld, aber sicherlich auch Nerven und Anstrengungen. Ein junger Hund verlangt ständige Zuwendung, anfangs sogar nachts. Es dauert eine Weile bis der kleine Kerl stubenrein ist. Außerdem muss er sich an fremde Menschen, Tiere und einen normalen Alltag gewöhnen, und er muss erst lernen, alleine zu bleiben. Zunächst benötigt ein Welpe drei- bis viermal am Tag Futter. Mehrere kurze Spaziergänge sind für den, sich noch im Wachstum befindlichen, instabilen Bewegungsapparat des Hundekindes, auf den sich zu viel Belastung folgenschwer auswirken kann, sinnvoller als ein ganz langer.

Die Erziehung eines jungen Hundes sowie die eventuell etwas renitente Flegelphase werden Sie voll und ganz fordern. Andererseits lässt sich ein Welpe noch gut formen, er entwickelt sich also größtenteils genau zu dem, zu dem Sie ihn machen. Dies gilt natürlich auch im negativen Sinne: Haben Sie nicht von Anfang an eine klare Linie in Ihrer Erziehung, bekommen Sie bald einen aufsässigen, verzogenen

Ihr kleiner Spring-ins-Feld braucht zunächst viel Zeit, um sein neues Zuhause ausgiebig erkunden zu können.

Ein älterer Vierbeiner ist in der Regel aus dem Gröbsten raus, trotzdem kann seine Anschaffung eher etwas für Kenner sein.

Fratz, der Ihnen im Erwachsenenalter schnell über den Kopf wächst.

Mit einem älteren Vierbeiner kann dagegen schon etwas mehr Ruhe in Form einer ausgereiften Hundepersönlichkeit bei Ihnen einziehen. Ein erwachsener Dackel ist höchstwahrscheinlich aus dem Gröbsten raus, er ist stubenrein, ist mit Halsband und Leine vertraut, kann ab und zu mal alleine bleiben und kennt mindestens die erzieherischen Grundkommandos wie Sitz, Platz, Hier und Pfui – vorausgesetzt natürlich, er genoss bis zu diesem Zeitpunkt ein gutes Zuhause mit einer entsprechenden Prägung. Ist Ihnen allerdings die vollständige Lebensgeschichte Ihres Teckels bis zum Zeitpunkt des Einzuges bei Ihnen unbekannt, kaufen Sie möglicherweise die „Katze im Sack". Der genaue Charakter, eventuelle Macken und das Verhalten des Vierbeiners zeigen sich erst im alltäglichen Zusammenleben.

Daher kann die Aufnahme eines erwachsenen Hundes eher etwas für Kenner sein. Eindeutige Regeln und Grenzen sind sehr wichtig für ein harmonisches Miteinander, deshalb muss dem neuen Familienmitglied seine untergeordnete Stellung im Hunderudel von Anfang an klargemacht werden. Hunde-unerfahrene Menschen entscheiden sich also besser für einen Welpen als für einen gänzlich unbekannten erwachsenen Vierbeiner. Ersthalter können mithilfe einer guten Hundeschule gemeinsam mit ihrem Welpen wachsen und lernen. Der Einzug eines Welpen erleichtert auch das Zusammengewöhnen mit eventuellen weiteren Haustieren. Halten Sie bereits einen oder mehrere Hunde, hat ein Welpe noch mehr Narrenfreiheit und wird eher spielerisch, aber doch bestimmt in die Rangordnung der anderen Rudelmitglieder eingewiesen. Bei einem erwachsenen, voll ausgereiften Neuzugang können dagegen gleich heftige Kämpfe um die Rudelposition ausbrechen.

Beachten Sie auch ...

Lassen Sie Ihrem vierbeinigen Neuzugang viel Zeit für die ***Eingewöhnung****. Am besten nehmen Sie sich Urlaub, damit Sie sich erst einmal gegenseitig in Ruhe kennenlernen können. Springen Sie trotzdem nicht den ganzen Tag nur um Ihr neues Familienmitglied herum. Geben Sie Ihrem Hund genug Freiraum, sein jetziges Zuhause selbst zu erkunden. Zeigen Sie ihm andererseits vom ersten Tag an liebevoll, aber bestimmt, was er darf und was nicht. Respektieren Sie auch ausreichende Ruhephasen, in denen Ihr Vierbeiner nicht gestört werden möchte, schließlich sind die vielen neuen Eindrücke anstrengend und ermüdend.*

Ihre Entscheidung, ob Sie eine Hündin oder einen Rüden anschaffen möchten, ist individuell.

Rüde oder Hündin?

Ob Sie sich für einen Rüden oder eine Hündin entscheiden, ist Geschmacksache. Dackel-Rüden werden etwas größer als Hündinnen. Oft wirken sie imposanter und selbstbewusster in der Körperhaltung. Sie sind in Vielem hartnäckiger und manchmal auch sturer als Hündinnen.

Rüden neigen eher zu Dominanz und zeigen sich härter, weshalb ihre Halter bei der Ausbildung meist etwas mehr Durchsetzungsvermögen brauchen. Ein Rüdenbesitzer muss sich aber auch von Zeit zu Zeit auf einen liebeskranken und somit fürchterlich leidenden Vierbeiner einstellen und zwar dann, wenn eine

Das ständige Markieren eines Rüden kann für eingefleischte Hobbygärtner recht lästig sein.

Hündin in der Umgebung läufig ist. Etliche verliebte Casanovas tun ihren Schmerz um die unerreichbare Angebetete sogar lautstark kund; diese Heulorgien können wiederum zu Ärger bei den Nachbarn führen. Außerdem erweisen sich viele liebestolle Vertreter als wahre Ausbrecherkönige, wenn es darum geht, ihrer „Traumfrau" näherzukommen. Ein intakter, genügend hoher Gartenzaun ist also bei unkastrierten Rüden besonders wichtig. Das ständige Markieren eines Rüden ist ebenfalls nicht jedermanns Sache. Hobbygärtner büßen dabei sicherlich die eine oder andere Pflanze ihres Gartens ein. Bei vermeintlich konkurrierenden Artgenossen lassen unkastrierte Rüden gerne den Macho raushängen, der auch mal mit viel Getöse einen Schaukampf um die Rangordnung anzettelt. Solche Auseinandersetzungen sind jedoch meist harmlos, während Hündinnen untereinander, aus der instinktsicheren Sorge um ihren vermeintlichen Nachwuchs, mit echten Beißereien nicht lange fackeln.
In der Regel haben Hündinnen eine zierlichere Statur als Rüden. Machtkämpfe wie sie bei

Hündinnen haben nicht nur eine zierlichere Statur als Rüden, oftmals sind sie auch leichtführiger.

Rüden um die hausinterne Rangordnung hin und wieder vorkommen können, sind bei Hündinnen eher selten. Trotzdem geben sie sich, vor allem hormonell bedingt, auch mal zickig. Eine Hündin wird ein- bis zweimal im Jahr läufig. In diesem Zeitraum, der etwa drei Wochen dauert, ist besondere Vorsicht geboten, damit es nicht zu unerwünschtem Nachwuchs

Manche Rüden neigen während der Läufigkeit ihrer „Traumfrau" zum Streunen.

Die läufige Hündin

Eine Hündin wird zum ersten Mal zwischen dem siebten und zwölften Lebensmonat läufig. Insgesamt dauert die Hitze, die ein- bis zweimal im Jahr auftritt, etwa 21 Tage. Sie unterteilt sich in drei Phasen: Die ersten neun Tage nennt man Vorbrunst (Proöstrus), äußerlich zu erkennen am Anschwellen der Schamlippen. Nun wird die Hündin ruhiger, vielleicht etwas launisch und markiert anfangs häufig; manchmal frisst sie auch schlecht und neigt zum Streunen. Jetzt lässt die Hündin zwar noch keinen Rüden an sich heran, ihr Interesse am anderen Geschlecht wächst jedoch zunehmend. Während der zweiten Phase, der sogenannten Hochbrunst oder Eisprungphase (Östrus) tritt immer mehr schleimiges, mit Blut vermischtes Sekret aus der Scheide aus. Zu diesem Zeitpunkt wandern die Eizellen vom Eierstock in den Eileiter; dort können sie befruchtet werden. Der Östrus dauert acht bis zehn Tage und ist zu erkennen am weiteren Anschwellen sowie einer noch stärkeren Rötung der Schamlippen. Die blutigen Ausscheidungen gehen in einen hellen Ausfluss über. Ab dem neunten Tag der Läufigkeit „steht" die Hündin; sie zeigt Rüden ihre Paarungsbereitschaft durch eine fast aufdringliche Annäherung und das seitliche Wegknicken ihrer Rute an. Nach dem Östrus folgt der Metöstrus; in dieser Phase klingt die Läufigkeit langsam ab, die Schwellung der Schamlippen geht zurück, der Ausfluss wird weniger. Auch das Verhalten „normalisiert" sich allmählich wieder.

Babyboom nach einer Läufigkeit mit Folgen.

kommt. Um Flecken im Haus zu vermeiden, ist ein spezielles Hundehöschen mit extra Slipeinlagen aus dem Fachhandel nötig. Daran gewöhnt sich der Vierbeiner in der Regel jedoch schnell, obwohl es immer wieder auch Ausnahmen gibt: Manche Hündinnen versuchen alles, ihre Hose wieder los zu werden. Wollen Sie die Läufigkeit Ihrer Hündin auf Dauer umgehen, schafft eine Kastration Abhilfe. Dieser Eingriff in den Hormonhaushalt der Hündin ist allerdings in Fachkreisen nicht unumstritten.

Äußere Umstände wie Stress oder klimatische Einflüsse (z. B. starke Kälte) sowie Krankheiten können die Läufigkeit beeinflussen, sodass sie eventuell auch mal ausbleibt oder sich verschiebt. Es ist außerdem möglich, dass sich die Abstände der Läufigkeit mit zunehmendem Alter der Hündin vergrößern und die Symptome nicht mehr so stark ausgeprägt sind.

Manche Hündinnen werden im Anschluss an ihre Hitze scheinträchtig. Hier haben sich homöopathische Mittel wie Pulsatilla oder Ignatia als hilfreich erwiesen. Geht die Scheinträchtigkeit jedoch mit Aggressivität, Apathie und übermäßiger Milchbildung einher, kann eine Kastration angebracht sein. Sprechen Sie in diesem Fall mit Ihrem Tierarzt.

Verhütung bei Hunden

Bei der Kastration einer ***Hündin*** *nimmt man operativ die Eierstöcke und meist auch die Gebärmutter heraus. Da nun die entsprechenden hormonproduzierenden Drüsen fehlen, ist der Geschlechtstrieb nach einer Kastration völlig ausgeschaltet.*

Das Risiko der Hündin, an Gebärmutterkrebs und an einem Gesäugetumor zu erkranken, wird durch die Kastration deutlich vermindert bzw. bei einer Kastration vor der ersten Läufigkeit praktisch ausgeschlossen. Andererseits kann eine so frühe Kastration ein dauerhaft kindlich-kindisches Wesen der Hündin zur Folge haben, denn der Reifeprozess, der durch die Hormone ausgelöst wird, fehlt hier; dies muss jedoch kein Nachteil sein. Bei einer Operation nach der ersten Läufigkeit liegt das Krebsrisiko für die Hündin bei ca. 8 %, nach der zweiten Läufigkeit bei ca. 26 %.

Ein ***Rüde*** *ist kastriert, wenn seine beiden Hoden entfernt wurden.*

Kastrierte Tiere werden in der Regel ruhiger. Manche Hunde neigen anschließend verstärkt zu Fettansatz (Futtermenge anpassen), eventuellen Fellveränderungen oder zeigen Inkontinenz. Während man Hündinnen hauptsächlich zur Vermeidung unerwünschten Nachwuchses kastriert, erfolgt die Kastration eines Rüden häufig bei Verhaltensauffälligkeiten. Selbstverständlich lassen sich Verhaltensauffälligkeiten, die durch Erziehungsfehler des Halters entstanden sind, nicht durch eine Kastration korrigieren.

Manche Rüden haben, bedingt durch zu viel Testosteron, einen übersteigerten Sexualtrieb, der mit Streunen, übertriebenem Imponiergehabe und aggressivem Konkurrenzverhalten gegenüber anderen Rüden einhergeht. Hier oder bei krankhaften Veränderungen der Geschlechtsorgane kann die Kastration eines Rüden durchaus nötig sein. Beim Rüden wirkt die Kastration auch als vorbeugende Maßnahme gegen Prostataerkrankungen und Perinaltumore (= Zubildungen rund um den After).

Letztendlich liegt es in den Händen eines verantwortungsvollen Tierarztes, individuell zu entscheiden, ob eine Kastration angebracht ist oder nicht.

Eine Alternative zur operativen Trächtigkeitsverhütung stellt die medikamentöse Verhütung mittels Hormonpräparaten dar. Diese Methode sollte allerdings nicht auf längere Zeit eingesetzt werden, denn die hormonelle Manipulation einer Hündin erhöht die Wahrscheinlichkeit einer eitrigen Gebärmutterentzündung, die in der Regel wiederum nur operativ zu behandeln ist.

Eine weitere ganz neue Möglichkeit ist die Verhütung mittels Implantat, das wie ein Mikrochip unter die Haut gespritzt wird und alle sechs Monate ausgetauscht werden muss. Laut Hersteller ist dieses Implantat nebenwirkungsfrei, allerdings ist es nicht ganz billig (ca. 50,- € Materialkosten). Für Hündinnen ist das Verhütungsimplantat noch in der Probephase. Bei Rüden wird es bereits eingesetzt; es zeigt die gleiche Wirkung einer operativen Kastration.

Eine Hündin wird in der Regel zur Vermeidung von unerwünschtem Nachwuchses kastriert.

Die Aufnahme eines Secondhand-Hundes erfordert viel Geduld und Einfühlungsvermögen.

Ein Hund aus dem Tierheim

Für die Aufnahme eines Tierheimhundes brauchen Sie meist viel Geduld und Einfühlungsvermögen. Die Vorgeschichte eines solchen Vierbeiners liegt oft völlig im Dunkeln, unerwartete Verhaltensweisen können auftreten. Selbst bei einem Tierheim-Welpen wissen Sie häufig nichts Näheres über seine bisherige Haltung. Da schon eine gute Kinderstube sehr wichtig und prägend für eine intakte Hundeseele ist, kann hier bereits einiges schief gelaufen sein, was sich nur schwer wieder ausbügeln lässt. Auch das Wesen der Elterntiere, die Sie im Tierheim meist nicht kennenlernen, ist ein wichtiger Anhaltspunkt für den späteren Charakter Ihres jetzt ausgesuchten Zöglings. Je nach früheren Erlebnissen hat Ihr junger oder älterer Dackel vielleicht schon einige Macken, die Sie erst allmählich herausfinden müssen. Trotzdem lohnt es sich, diese Nuss behutsam zu knacken.

Besuchen Sie Ihren auserwählten Vierbeiner bereits im Tierheim häufiger und gehen Sie oft mit ihm spazieren, ehe Sie sich endgültig für eine Übernahme entscheiden. Die Auswahl eines Tierheimhundes erfordert besondere Sorgfalt, schließlich soll der Vierbeiner mit sei-

Unternehmen Sie bereits vor der Übernahme Spaziergänge mit Ihrem ausgesuchten Vierbeiner und lassen Sie auch Ihre Kinder verantwortungsvoll daran teilhaben.

ner neuen Familie zu einem echten Glückspilz und nicht, nach seinen ersten auftauchenden Eigenarten, zum erneut abgeschobenen Pechvogel werden. Wichtig ist, sich und den Hund von Anfang an nicht unter Druck zu setzen. Geben Sie sich für die Gewöhnung aneinander unbedingt ausreichend Zeit. Weisen Sie Ihre Kinder schon im Vorfeld darauf hin, dass der neue Vierbeiner erst einmal Ruhe und Behutsamkeit zur Eingewöhnung braucht. Bevor sie auf ihn zustürmen und ihn streicheln wollen, sollten auch sie erst einmal genau beobachten.

Beachten Sie ...

Die Übernahme eines Tierheimhundes erfordert in der Regel Hundeerfahrung, denn wie erwähnt, liegt die Vergangenheit des Vierbeiners häufig im Dunkeln. Manche Tierheimhunde erscheinen auf den ersten Blick unkompliziert und anpassungsfähig; in unterschiedlichen, oft ganz banalen Situationen des Alltags holen sie jedoch rasch frühere schlechte Erlebnisse ein und lassen sie dementsprechend reagieren. Für Anfänger wird dies unter Umständen zu einem unlösbaren Problem. Hundeerfahrene Menschen können sich dagegen kompetenter und souveräner darauf einstellen und damit auseinandersetzen. Erstlingshaltern sei daher geraten, zunächst einmal einen Welpen von einem seriösen VDH- bzw. FCI-Züchter zu nehmen.

Hundeneulinge sollten einen Dackelwelpen aus einer kontrollierten Zucht aufnehmen, denn die Übernahme eines Tierheimhundes kann viel Erfahrung erfordern.

Auswahl von Züchter und Hund

Am besten sehen Sie sich mehrere Wurfstätten an und vergleichen alle kritisch miteinander.

Fällt Ihre Wahl auf einen Hund vom Züchter, bekommen Sie eine aktuelle Wurfliste über die Welpenvermittlung der Rassevereine. Suchen Sie bereits einen Züchter aus, der die Ihren Ansprüchen entsprechende Zuchtlinie züchtet: Möchten Sie also einen reinen Familienhund, ist die Showlinie ratsam. Soll Ihr Dackel hingegen später im Revier eingesetzt werden, wählen Sie einen Vierbeiner aus einer jagdlichen Zucht. Vergleichen Sie verschiedene Zwinger kritisch vor Ort miteinander. Prüfen Sie die Zuchtstätte ganz genau und nehmen Sie nicht den erstbesten Welpen vom erstbesten Züchter. Scheuen Sie sich nicht vor weiten Anfahrtswegen, immerhin geht es um die sorgfältige Auswahl eines neuen Familienmitglieds, mit dem Sie viele glückliche Jahre teilen möchten. Stellen Sie sich auch auf eine eventuelle Wartezeit ein, denn häufig wird nur auf Nachfrage hin gezüchtet. Dies ist allerdings ein gutes Zeichen, spricht es doch für eine reine Hobbyzucht, die primär an die Hunde und nicht an den Profit denkt. Trotzdem muss Ihnen ein gesunder Dackel-Welpe einiges Wert sein: Der durchschnittliche Welpenpreis liegt derzeit bei etwa 600,– €.

Die Welpen sollen mit vollem Familienanschluss aufwachsen, sich bei Ihrem Besuch interessiert, selbstbewusst und freundlich zeigen. Ihr Fell glänzt, sie sind gut genährt und sehen rundum gesund aus. Das Verhalten der Welpen darf weder ängstlich noch aggressiv sein. Nehmen Sie außerdem die Mutter und, falls anwesend, auch den Vater sowie deren Gesundheitszeugnisse gründlich in Augenschein. Beide Elterntiere müssen Ihnen gegenüber zutraulich und freundlich sein. Achten Sie unbedingt auf Sauberkeit und Hygiene in der Zuchtstätte.

Ein guter Züchter interessiert sich sehr für Sie, Ihr Umfeld und eventuell bereits vorhandene Hundeerfahrung. Außerdem wird er Sie in keiner Weise bedrängen oder Ihnen einen Welpen aufschwatzen. Andererseits fragt er Sie,

Einem verantwortungsvollen Züchter liegt das Wohl seiner Hunde am Herzen. Er wird Sie kritisch zu Ihrer Hundeerfahrung und Ihrem Umfeld befragen.

Tätigen Sie keine Mitleidskäufe, damit unterstützen Sie nur unseriöse Schwarzzüchter, die rein an den Profit, nicht aber an die Gesundheit der Hunde denken.

für welchen Zweck Sie einen Dackel anschaffen möchten, damit er Ihnen einen geeigneten Welpen aus dem Wurf konkret vorstellen kann, schließlich kennt er seine Hunde und deren Nachwuchs am besten. Das Wohl seiner Hunde liegt einem seriösen Züchter wirklich am Herzen.

Haben Sie sich schließlich für einen Züchter und einen seiner Welpen entschieden, vereinbaren Sie vor der Abholung Ihres Vierbeiners weitere Besuche, damit sich der Kleine schon etwas an Sie gewöhnt. Bringen Sie zusätzlich ein altes Handtuch mit, das in das Welpenlager gelegt, bald nach der Mutter und den Wurfgeschwistern riecht. Bei der Abholung des Welpen nehmen Sie dieses Tuch wieder mit und legen es ihm zuhause in sein neues Körbchen. Durch den weiterhin vorhandenen bekannten Geruch fällt ihm die Trennung von seiner Kinderstube nicht so schwer.

Nur vom seriösen Züchter

Tätigen Sie keine Mitleidskäufe! Bei dubiosen Schwarzzuchten oder Hundehändlern liegen Herkunft, Aufzucht und Vergangenheit der Hunde oft völlig im Dunkeln, sodass Sie anstelle eines gesunden und wesensfesten Rassehundes schnell eine Mogelpackung bekommen, die Ihnen mit zunächst versteckten Krankheiten und Verhaltensstörungen ein Hundeleben lang Kummer bereiten kann.

Das Warten auf einen Welpen von einer kontrollierten VDH- bzw. FCI-Zucht lohnt sich allemal; hier gelten strenge Zuchtauflagen, die eine gute Basis für das Hervorbringen robuster, gesunder und wesensstarker Vierbeiner bilden. Ein gleichzeitiges Aufziehen mehrerer

Würfe (möglicherweise noch von unterschiedlichen Rassen) innerhalb einer Zuchtstätte sollte Sie stutzig machen, spricht dies doch sehr für eine rein kommerzielle Angelegenheit. Die deutschen VDH-Zuchtvereine verbieten solch ein Vorgehen.

Hundespielzeug darf bei der Anschaffung des Zubehörs nicht fehlen.

Welches Zubehör ist nötig?

Für Ihren Welpen benötigen Sie zunächst ein **Welpenhalsband** oder **-geschirr** und eine Leine, am besten aus Nylon. Dies ist im Vergleich zu Leder leichter, stabiler, nässefester und problemloser zu reinigen. Der ausgewachsene Hund braucht später ein größeres und breiteres Halsband oder Geschirr sowie eine passende, stabile Leine. Gewöhnen Sie Ihren Dackel sofort an das Tragen eines Halsbandes. Bringen Sie am Halsband neben der Steuermarke, eine gravierte Plakette oder eine Hülse mit Ihrer Adresse und Telefonnummer an, damit Sie im Falle des Verschwindens Ihres Vierbeiners schnell benachrichtigt werden können. Achten Sie darauf, dass das Halsband nicht zu eng und nicht zu locker sitzt. Ein Finger muss problemlos zwischen Hals und Halsband passen.

Besorgen Sie außerdem für Haus und Garten je ein Set mit einem **Futter-** und einem **Wassernapf**. Sehr gut geeignet, da leicht zu reinigen, sind Edelstahl-, Keramik- oder stabile Plastiknäpfe.

Bei der Wahl des richtigen **Welpenfutters** lassen Sie sich am besten vorab von Ihrem Züchter beraten. Natürlich dürfen auch **Belohnungsleckereien** nicht fehlen.

Schlafplatz, Fellpflege und Spielzeug

Zudem benötigt Ihr Hund seinen eigenen **Liegeplatz**. Manchen Vierbeinern reicht hier eine einfache Decke oder ein Kissen, andere kuscheln sich lieber in einen Korb. Wichtig ist auch hier die Möglichkeit einer leichten, unproblematischen Reinigung, denn angemessene Sauberkeit und Hygiene sind eine wichtige Basis für ein langes, gesundes Hundeleben. Alle Decken und Kissen müssen maschinenwaschbar sein. Ein Korb wird von Zeit zu Zeit ausgeschrubbt und anschließend mit Ungezieferspray behandelt. Hunde„körbe“ gibt es inzwischen nicht nur aus Rattangeflecht, sondern auch aus stabilem, beißfestem Plastik oder aus Schaumgummi mit Stoffüberzug. Für den Junghund, der noch alles annagen und zerbeißen will, hat sich als Übergangslösung ein großer, mit einer Decke ausgelegter Karton bewährt, der schnell und preiswert ausgetauscht werden kann.

Ebenfalls praktisch und vielseitig verwendbar ist eine große **Plastik-Transportbox** oder

Ein eigener Schlafplatz ist für Ihren Hund von Anfang an eine wichtige Rückzugsmöglichkeit.

Eine Transportbox ist sehr vielseitig verwendbar: nicht nur als ständiges Hundelager, sondern auch für die sichere Beförderung des Vierbeiners im Auto.

eine Klappbox aus verchromtem Stahlgitter. Während Ihr Welpe darin bereits ein heimeliges Lager vorfindet, in dem Sie ihn während Ihrer Abwesenheit auch mal für kürzere Zeit ausbruchssicher verwahren können, weiß später sogar Ihr erwachsener Dackel diese Rückzugsmöglichkeit zu schätzen, vermittelt das Innere solch einer Box doch die Geborgenheit einer Höhle. Bei einer Klappbox kommt dieses Höhlenfeeling erst richtig auf, wenn Sie sie noch mit einem großen Tuch abdecken. Eine Box ist ebenfalls sehr hilfreich, Ihren Hund sicher im Auto unterzubringen. Eine ordnungsgemäße Sicherung des Vierbeiners in einem Auto ist übrigens Pflicht; bei Verstoß drohen hohe Geldstrafen. Andere **Sicherungssysteme** für die Autofahrt sind beispielsweise ein spezieller Hundegurt, mit dem Sie Ihren Dackel auf der Rückbank anschnallen oder stabile Trenngitter, die den Schrägheckkofferraum, in dem Ihr Hund sitzt, sicher vom Personenabteil abtrennen.

Darf der Dackel im Kofferraum mitfahren, muss er ausreichend gesichert werden, damit allen Insassen im Falle eines Falles nichts passiert.

Für die Beförderung in öffentlichen Verkehrsmitteln ist mancherorts ein Maulkorb vorgeschrieben, auch wenn Ihr Hund ganz friedlich ist.

Um für den Fellwechsel im Frühjahr und Herbst gerüstet zu sein, benötigen Sie je nach Fellart Ihres Teckels einen **Gumminoppenhandschuh**, eine **Sisalbürste**, einen **Striegel** oder einen **Kamm**. Außerdem für Schlechtwettertage Handtücher zum Abtrocknen und Säubern.

Schaffen Sie sich zudem eine **Zeckenzange** an, um Ihren wedelnden Freund schnell von den lästigen Plagegeistern befreien zu können.

Zu guter Letzt braucht Ihr vierbeiniger Jungspund natürlich **Spielzeug**.

EXTRA

Das richtige Hundespielzeug

Am besten orientieren Sie sich bei der Auswahl von Hundespielzeug an folgendem Grundsatz: Alles, was für Kleinkinder ungeeignet ist, kann auch für Hunde gefährlich werden. So sind spitze, scharfkantige und splitternde Gegenstände oder Dinge, in denen Drähte oder Nägel enthalten sind, für unsere Vierbeiner absolut tabu. Ebenfalls verboten sind Äste von giftigen Bäumen oder Sträuchern und lackierte Hölzer. Luftballons stellen eine Gefahr dar, weil sie zerbissen schnell heruntergeschluckt werden und eine Darmverschlingung hervorrufen können. Ihr Dackel darf sich nicht an den Spielsachen Ihrer Kinder wie beispielsweise Legobausteinen sowie an Schnüren, Nylonstrümpfen, Windlichtern oder Plastikbechern ver-

Kauspielzeug aus Büffelhaut wirkt nicht nur gegen Langeweile, sondern auch als reinigende „Zahnbürste“.

Ein Knoten aus Baumwollschnüren kann gefährlich werden, wenn der Welpe zu viele Fäden davon verschluckt.

greifen. Unproblematisch sind spezielle Hundespielsachen aus Hartholz, Jute, Hartgummi, Stoff und reißfestem Nylon. Kauspielzeug aus natürlichen Materialien wie Rinder- und Büffelhaut bietet nicht nur eine interessante Beschäftigung, sondern hat gleichzeitig einen gesundheitlichen Nutzen, denn es stärkt und reinigt das Gebiss.

Bälle müssen immer so groß sein, dass Ihr Hund sie nicht verschlucken kann. Quietschspielzeug ist nur bedingt geeignet, denn ist Ihr Vierbeiner ein besonders eifriger „Spielzeug-Designer" zerlegt er auch ein Quietschtier schnell und frisst möglicherweise sogar das quietschende Ventil. Zudem sind einige Kynologen der Meinung, dass ein Hund durch das ständige Quietschen die Beißhemmung gegenüber quiekenden Artgenossen verlernt. Besser bewährt haben sich Spielsachen aus robustem Hartgummi. Ein begeisterter Apporteur sollte wegen der Splittergefahr auf Stöckchen aus dem Wald verzichten. Besorgen Sie ihm stattdessen lieber Hartholzspielzeug aus dem Zoofachhandel oder schneiden Sie einen Gartenschlauch in dackelgerechte Stücke. Als Alternative gibt es Bringsel aus Jute oder Leder, die absolut maulschonend und sogar in Dackelgröße erhältlich sind. Ein aus bunten Baumwollschnüren zusammengedrehter Knoten ist zwar sehr beliebt, kann jedoch gefährlich werden, wenn der Vierbeiner den Knoten zerlegt und zu viele Schnüre davon verschluckt.

Ein junger Dackel ist stets auf Abenteuersuche, machen Sie Ihr Zuhause daher schon vor seinem Einzug welpensicher.

Welpensicheres Zuhause

Bereits vor dem Einzug eines Welpen sollten Sie Ihr Zuhause auf mögliche Gefahrenquellen hin für den kleinen Vierbeiner prüfen und diese gegebenenfalls beseitigen. Für den noch unerfahrenen, verspielten Dackel, der ständig auf der Suche nach neuen Abenteuern ist, lauern etliche Gefahren in Haus und Garten. Welpen erkunden ihre Umgebung in erster Linie mit der Nase und mit den Zähnen, das heißt: Alles, was der junge Hund aufstöbert, muss beknabbert oder sogar gefressen werden. Besonders gefährlich und gefährdet sind hier Kabel und mobile Mehrfachsteckdosen. Verlegen Sie Kabel daher entweder in Kabelkanälen oder lagern Sie diese höher, solange der Welpe noch in der Flegelphase ist. Versehen Sie Steckdosen am Boden und in Nasenhöhe des vierbeinigen Knirpses vorsichtshalber mit Kindersicherungen. Bewahren Sie ebenfalls außer Reichweite des jungen Dackels Putzmittel und Medikamente auf. Erhöhte Vorsicht gilt bei Pflanzen, besonders, wenn sie giftig sind. Stellen Sie auch diese vorübergehend hoch oder quartieren Sie sie an einen anderen Ort um.

Ein weiteres großes Gefahrenpotenzial stellen heruntergefallene Kleinteile wie Büroklammern, Stecknadeln oder Geldstücke dar, weil sie der Welpe aus Neugier fressen könnte.

Von ganz besonderer Anziehungskraft sind Schuhe. Junghunde spüren häufig mit einer erstaunlichen Zielsicherheit gerade das teuerste Paar auf und zerlegen es; vielleicht waren Sie aber auch schneller und haben die Schuhe rechtzeitig in Sicherheit gebracht. Hängen Sie auch Jalousie- und Rollobänder vorübergehend höher, denn das Fangen und Zerbeißen der „baumelnden" Schnüre ist ebenfalls sehr beliebt. Besonders interessiert ist der Welpe

Schuhe sind für einen Welpen besonders interessant; am besten bringen Sie diese rechtzeitig vor seinen spitzen Zähnchen in Sicherheit.

Die Sturm- und Drangzeit Ihres Welpen wird für Sie stressfreier, wenn Sie schon vor seinem Einzug entsprechende Vorkehrungen in Ihrem Zuhause treffen.

überall dort, wo es etwas auszuräumen gibt. Sichern Sie daher Möbeltüren oder Schubladen, die Ihr abenteuerlustiger Vierbeiner eventuell andernfalls mit seiner Schnauze oder Pfote öffnet. Ein mit einem Vorhang abgehängtes Regal regt enorm die Neugier eines jungen Hundes an; evakuieren Sie also rechtzeitig empfindliche Gegenstände. Höchst attraktiv sind auch Abfalleimer, deren Inhalt Ihren Teckel auf vielfältige Art schädigen kann. Steigen Sie deshalb besser auf Abfalleimer mit fest verschlossenem Deckel um. Nicht zuletzt ist das wilde Toben des kleinen Rackers gefährlich: Ist ein Welpe erst einmal in Fahrt, kennt er kein Halten mehr. Sichern Sie Treppen daher am besten mit einem Babygitter. Natürlich müssen Sie generell alles Zerbrechliche aus dem Weg räumen.

Zusammenfassend gilt Alles, was für Babys oder Kleinkinder in einem Haushalt gefährlich ist, kann auch für einen jungen Hund lebensbedrohlich werden. Richten Sie sich jedoch durch entsprechende Vorkehrungen rechtzeitig darauf ein, wird das Zusammenleben mit Ihrem Dackel-Welpen in der heißen (Flegel-)Phase sicherlich stressfreier sein.

Tipps für den Garten

Auch im Garten kann es für einen jungen Hund gefährlich werden. Denken Sie hier an Folgendes:

- *Damit sich der Welpe nicht unerlaubt auf Wanderschaft begibt, umzäunen Sie Ihr Grundstück.*
- *Sichern Sie einen eventuell vorhandenen Gartenteich.*
- *Flicken Sie rechtzeitig vor Ankunft des Vierbeiners Löcher im bereits vorhandenen Zaun.*
- *Lagern Sie gefährliche Stoffe wie beispielsweise Frostschutzmittel für das Auto am besten in einem verschließbaren Schrank.*
- *Vorsicht mit der Aufbewahrung und Verwendung von Chemikalien im Garten (z. B. Dünger, Schneckenkorn etc.).*
- Der *Komposthaufen sollten für Ihren Hund unzugänglich sein.*
- *Bewahren Sie gefährliche Gartengeräte wie Scheren, Sägen, Rechen und Hacken außerhalb der Reichweite Ihres Hundes auf.*
- *Hängen Sie den Gartenschlauch sicherheitshalber auf.*
- *Vorsicht mit stacheligen Hecken und Büschen. Toben kann hier schnell ins Auge gehen.*

Die ersten Tage daheim

Ein verantwortungsvoller Züchter gibt seine Welpen nicht vor der achten Lebenswoche ab.

Ein seriöser Züchter gibt seine Welpen geimpft und entwurmt nicht vor der achten Lebenswoche ab. Am Abgabetag stattet er Sie mit dem Impfpass, der FCI- bzw. JGHV-Ahnentafel (falls diese bereits vorliegt), Pflege-, Fütterungstipps und Futter für den Übergang aus. Außerdem sollten Sie auch eine Kopie des Wurfabnahmeberichtes erhalten. Vergessen Sie zur Abholung Ihres Hundekindes Welpenhalsband und Leine nicht. Wenn Sie berufstätig sind, nehmen Sie sich mindestens in den ersten zwei Wochen nach Einzug des Vierbeiners frei. Dies erleichtert nicht nur die Erziehung zur Stubenreinheit, sondern ist auch für die gesunde, seelische Entwicklung des Hundebabys sehr wichtig.

Lassen Sie sich für die Heimfahrt viel Zeit. Eine längere Autofahrt ist für Ihren Welpen neu und ungewohnt. Manchen Hundekindern wird zunächst einmal übel, einige speicheln daraufhin nur, andere müssen sich übergeben. Legen Sie unterwegs mehrere Pausen ein, in denen sich Ihr kleiner Dackel lösen und bewegen kann. Fahren Sie langsam und knallen Sie nicht mit den Autotüren.

Ankunft im neuen Zuhause

Sind Sie mit Ihrem Welpen zu Hause angekommen, geben Sie ihm erst einmal genügend Zeit und Möglichkeit, sein neues Domizil ausgiebig zu erkunden. Auf keinen Fall dürfen alle

Familienmitglieder gleichzeitig auf ihn einstürmen. In den ersten Stunden ist Behutsamkeit angebracht, damit der neue Mitbewohner nicht verängstigt wird. Zeigen Sie Ihrem Welpen seinen Schlafkorb. Setzen Sie ihn immer wieder hinein und beschäftigen Sie sich dort eine Weile mit ihm. Verbinden Sie dies schon von Anfang an mit dem Kommando „Körbchen". So merkt er bald, dass der Korb sein Platz ist und lernt schnell, auch auf Befehl dorthin zu gehen. Hat sich die erste Aufregung im neuen Heim für den Kleinen etwas gelegt, bekommt er sein Futter. Ein achtwöchiger Welpe muss vier Mahlzeiten erhalten. Eine Futterumstellung darf nur langsam erfolgen. Am besten mischen Sie hierfür nach und nach das mitgegebene Futter des Züchters mit Ihrem eventuell neuen Futter. Nach dem Füttern bringen Sie den Welpen sofort nach draußen, damit er sich lösen kann. Genauso verfahren Sie, wenn Ihr

Ihr kleiner Dackel braucht erst einmal viel Zeit, um sein neues Zuhause in Ruhe erkunden zu können.

Das Ticken eines Weckers im Körbchen Ihres Welpen erinnert den Kleinen an den beruhigenden Herzschlag seiner Mutter.

junger Dackel nach dem Schlafen aufwacht. Beachten Sie, dass ein Welpe zunächst wie ein Baby noch sehr viel Schlaf braucht, ein Bedürfnis, dem Sie unbedingt Rechnung tragen sollte. Zur Erleichterung der Eingewöhnung nachts stellen Sie das Körbchen am besten an Ihr Bett. Ist Ihr Hund sehr unruhig, legen Sie ihm einen Wecker unter sein Kissen. Das Ticken erinnert ihn an den Herzschlag der Mutter und beruhigt ihn. Werden Sie ob dieses kleinen, niedlichen und vermeintlich hilflosen Geschöpfes nicht schwach und lassen den Welpen ins Bett. Damit tun Sie sich und dem Hund keinen Gefallen. Dies wäre bereits der erste Schritt für den kleinen Neuankömmling in der Rangordnung mit Ihnen zu konkurrieren. Streicheln Sie Ihren, in seinem Körbchen liegenden Vierbeiner lieber von Ihrem Bett aus in den Schlaf. Die zärtliche Berührung mit Ihrer Hand gibt ihm all die Geborgenheit und das Vertrauen, das er braucht, um als Hundebaby einem neuen aufregenden Tag entgegen zu schlafen.

Viel Geduld mit Tierheimhunden

Besonders viel Zeit zur Eingewöhnung benötigt ein Secondhand-Hund. Um ein besseres Bild von seiner Persönlichkeit zu bekommen, beobachten Sie den Neuankömmling ganz genau.

Rasch finden Sie heraus, ob Sie nun ein extremes Sensibelchen oder eher ein forsches Raubein im Haus haben. Lassen Sie Ihrem Neuzugang nichts durchgehen, was er auch später nicht tun darf. Ein ehemaliger Tierheimhund wird in einer neuen Familie zunächst mit Reizen überflutet, die er erst einmal in Ruhe verarbeiten muss. Trotzdem ist es wichtig, Ihren Dackel von Anfang an so natürlich wie möglich an Ihrem normalen Tagesablauf teilhaben zu lassen. Führen Sie sofort feste Fütterungs-, Spiel- und Spaziergehzeiten ein, damit Ihr vierbeiniger Kamerad bald seinen festen Rhythmus kennt. Hat sich die erste Aufregung gelegt, wird Ihr Hund auch Sie ganz genau beobachten. Einem Teckel entgeht nichts. Er durchschaut schnell, wer in der Familie das Sagen hat und wer nicht und wo es Schwachstellen in der familieninternen Rangordnung gibt. Daher ist es besonders wichtig, klare Regeln vorzugeben, die der Vierbeiner strikt einhalten muss. Ihr Dachshund ist rasch ausgeglichen und glücklich, wenn sie sofort einen eindeutigen Platz in der neuen Lebensgemeinschaft einnimmt, mit einem Mensch an der Spitze, an dem sie sich orientieren kann.

Klare Regeln und ein gut strukturierter Tagesablauf sind für alle Hunde von Anfang an sehr wichtig.

Mit Behutsamkeit und Einfühlungsvermögen gewöhnen sich Dackel auch schnell an andere Haustiere.

Erste Eindrücke außer Haus

Bei Ihren ersten Spaziergängen sehen Sie, wie sich Ihr wedelnder Neuzugang Artgenossen gegenüber verhält. Auch für einen erwachsenen Dackel ist der regelmäßige Kontakt zu anderen Hunden nötig. Laden Sie Freunde mit Ihren Vierbeinern zu sich nach Hause ein: Da Ihr Hund anfangs noch kein Revierbewusstsein hat, wird er alles akzeptieren, was er in seinem neuen Heim vorfindet. Nützen Sie diese Tatsache aus und machen Sie Ihren Teckel möglichst bald, jedoch an der Leine gehalten, mit eventuellen anderen Haustieren bekannt. Hat Ihr Secondhand-Hund in seiner Prägephase keine gute Sozialisierung erfahren, ist der Besuch einer Hundeschule empfehlenswert. Erziehungstechnisch brauchen Sie bei einem erwachsenen Hund meist nicht ganz bei Null anfangen, sondern können auf die bereits vorhandenen Grundlagen aufbauen. Wichtig ist, dass Ihr Dackel nun Sie als neuen Hundeführer und somit Kommandogeber akzeptiert. Zeigen Sie daher unbedingt Konsequenz und Einfühlungsvermögen. Außerdem muss es Ihrem Teckel Spaß machen, Ihnen zu gehorchen, die richtige Motivation ist also das A und O einer erfolgreichen, partnerschaftlichen Erziehung.

Sozialisierung

Schon der Welpe muss mit möglichst vielen Umweltreizen vertraut gemacht werden, damit er später als erwachsener Hund einen stressfreien Alltag mit einem sozialverträglichen Verhalten gegenüber Mensch und Tier leben kann. Die wichtigste Zeitspanne für die Sozialisierung liegt zwischen der dritten und etwa der 16. Lebenswoche. Für die erste Phase ist also der Züchter verantwortlich: Dort soll der Welpe nicht nur durch den Umgang mit seiner Mutter und den Wurfgeschwistern hündisches Verhalten lernen, sondern auch möglichst viele positive Erfahrungen mit verschiedenen Menschen, einschließlich Kindern sind für die weitere Entwicklung des kleinen Vierbeiners wichtig. Deshalb sind bei einem verantwortungsvollen Züchter ab der vierten Woche Besucher willkommen, selbstverständlich wohl dosiert, um die Welpen nicht zu überfordern. Durch eine abwechslungsreiche Umgebung, wie beispielsweise einem interessanten, kleinen Abenteuerspielplatz im Welpenauslauf, wird das Hundekind bereits mit diversen Umweltreizen vertraut gemacht. Kurze Ausflüge sind dagegen erst erlaubt, wenn der Welpe komplett geimpft ist (ab der achten Lebenswoche). Hundekinder, die bis zu ihrer Abholung (und auch danach) völlig abgeschottet von ihrer Umwelt leben, tragen in der Regel irreparable Schäden davon, die sie an einer normalen Entwicklung hindern. Solche Hunde bleiben häufig ihr Leben lang unglückliche Sor-

In der frühen Phase der Sozialisierung kann auch bereits eine jagdliche Prägung der Welpen erfolgen.

genkinder, die sich ständig als unsichere Angsthasen oder auch Beißer gebärden.
Nach der Abholung Ihres Dackels vom Züchter liegt die weitere Entwicklung des Welpen in Ihrer Hand. Machen Sie ihn zuhause mit möglichst vielen Situationen bekannt: Sperren Sie ihn beispielsweise nicht weg, wenn Sie staubsaugen oder, wenn Besuch kommt. Dies bedeutet natürlich nicht, dass Sie sofort nach der Ankunft des Vierbeiners den Staubsauger schwingen oder gar eine große Party feiern sollen. Vielmehr macht's die richtige Dosierung, damit Ihr junger Teckel langsam, aber sicher alle Geräusche und Abläufe um ihn herum als völlig normal ansieht. Leben noch andere Tiere bei Ihnen, gewöhnen Sie alle Vierbeiner ganz behutsam aneinander. Auf Stadtausflüge wird Ihr Welpe optimal vorbereitet, wenn Sie Großstadtgeräusche zunächst von einem Band abspielen. Am günstigsten ist dies während der Fütterung, denn dann verknüpft Ihr kleiner Dackel die ungewohnten Geräusche gleich mit etwas Positivem. Steigern Sie die Lautstärke allerdings erst allmählich. Gewöhnen Sie Ihren jungen Vierbeiner ebenfalls frühzeitig an die Mitnahme und das gesittete Verhalten im Auto und in öffentlichen Verkehrsmitteln.

Neue Eindrücke sammeln

Lassen Sie den Welpen auf Spaziergängen in Ruhe seine Umgebung erkunden. Streuen Sie zwischendurch kleine Spielchen ein, die all seine Sinne und vor allem auch das Interesse an Ihnen wecken. Auf diese spielerische Art merkt Ihr Dackel schnell, dass es sich lohnt, Ihnen zu folgen. Wechseln Sie öfters mal die Wege und provozieren Sie Begegnungen mit Artgenossen, anderen Tieren und Menschen. Beginnen Sie hier bereits spielerisch die Erziehung, indem Sie Ihrem Teckel beispielsweise durch Ablenkung mit einem verlockenden Spielzeug schon beibringen, fremde Menschen nicht anzuspringen. Respektieren Sie auch, wenn ein anderer Hundebesitzer von einem Zusammentreffen mit Ihnen Abstand nimmt. Vielleicht genoss sein Hund nicht so eine gute Sozialisierung wie Ihrer. Nehmen Sie Ihren Welpen dann lieber an die kurze Leine und gehen Sie ohne direkten Kontakt am anderen Vierbeiner vorbei, schließlich muss Ihr Dackel auch lernen, sich in solchen Situationen manierlich zu verhalten. Das Kennenlernen verschiedener Bodenuntergründe und von Wasser fällt ebenso in die wichtige Sozialisierungsphase.
Unbedingt empfehlenswert ist der Besuch einer Welpenspielstunde in einer guten Hundeschule. Hier lernt der junge Vierbeiner zusammen mit gleichaltrigen Artgenossen, wie er sich hündisch korrekt verhält. Außerdem wird er dort mit unterschiedlichen Geräuschen und Gegenständen wie zum Beispiel einem

Überfordern Sie Ihren Welpen nicht, aber lassen Sie ihn trotzdem von Anfang an an Ihrem normalen Tagesablauf teilnehmen.

aufgespannten Regenschirm oder flatternden Folien vertraut gemacht. Gehen Sie allerdings erst mit Ihrem Welpen auf den Hundeplatz, wenn er die zweite Impfung bereits erhalten hat und somit gegen diverse Infektionskrankheiten grundimmunisiert ist.
Um eine gute Verträglichkeit mit Artgenossen zu fördern, empfiehlt sich zudem häufiger Hundebesuch bei Ihnen daheim. Da Ihr Dackel dann nicht mehr als vierbeiniger Alleinherrscher im Mittelpunkt steht, kann dies sogar „Einzelkindallüren“ entgegenwirken.

In einer Hundeschule darf auch der Spaß nie zu kurz kommen: ausgiebiges Toben sollte zwischendurch erlaubt sein.

So finden Sie die passende Hundeschule

Inzwischen gibt es an vielen Orten Hundeschulen und Tiertrainer. Welche Möglichkeiten Sie in Ihrer Region haben, wissen in der Regel Tierärzte, örtliche Tierheime oder andere Hundehalter. Auch überregionale Verbände und Organisationen sind kompetente Ansprechpartner. Haben Sie nun eine konkrete Hundeschule im Auge, prüfen Sie das Angebot anhand der Fragen im Kasten genau.

Merken Sie, dass Sie mit dem Trainer oder der angebotenen Methode nicht zurechtkommen, wechseln Sie die Hundeschule. Handeln Sie immer im Interesse Ihres Hundes. Nur ein Dackel, der Spaß an der Sache hat, lernt gerne und leicht. Auch Sie können in einer kompetenten und sympathischen Hundeschule nette Freundschaften und Kontakte mit Gleichgesinnten knüpfen und einen wichtigen Erfahrungsaustausch pflegen.

- ⓘ *Ist der Trainer schon am Telefon bereit, ausführlich Fragen zu beantworten und fragt er Sie auch viel über Sie und Ihren Hund?*
- ⓘ *Nach welcher Methode wird trainiert?*
- ⓘ *Kann der Trainer eine fundierte Ausbildung nachweisen?*
- ⓘ *Gibt es ein (eingezäuntes!) Trainingsgelände, auf dem die Hunde in Trainingspausen auch mal miteinander spielen dürfen?*
- ⓘ *Wie groß sind die Trainingsgruppen? Zu große Gruppen lassen kaum noch Spielraum für die genaue Beobachtung und Beratung eines jeden Einzelnen.*
- ⓘ *Gibt es auch Einzelstunden für individuelle Probleme?*
- ⓘ *Stehen die Kosten in einem vernünftigen Verhältnis zum Angebot?*
- ⓘ *Sind ein anfängliches Zusehen sowie ein Probetraining möglich?*
- ⓘ *Stimmt die Chemie zwischen Ihrem Vierbeiner und dem Trainer sowie zwischen Ihnen und dem Trainer?*
- ⓘ *Freut sich Ihr Vierbeiner, wenn es auf den Hundeplatz geht und hat er Spaß am Training?*
- ⓘ *Macht Ihr Hund langfristig Fortschritte?*

EXTRA

Welpenspielplatz zu Hause

Leicht können Sie Ihrem Welpen zu Hause mit einfachen und ganz alltäglichen Dingen einen Abenteuerspielplatz kreieren. Führen Sie Ihr Hundekind an alle Stationen langsam heran und zeigen Sie ihm alles ganz behutsam. Loben Sie Ihren Welpen ausgiebig, wenn er mutig die neue Umgebung erkundet. Haben Sie Geduld mit Angsthasen, aber kein Mitleid. Dieses menschliche Gefühl würde ihn in seiner Angst nur noch bestärken. Loben Sie Ihren Welpen aber für jeden kleinen Schritt mit Leckerli und freundlicher, beruhigender Stimme.

Für den jungen Dackel ist es auch wichtig, frühzeitig mit diversen Bodenuntergründen vertraut zu werden.

ⓘ Stellen Sie einen großen, offenen Karton auf, den Ihr Vierbeiner nach Herzenslust erkunden und anschließend auch zerlegen darf.

ⓘ Hängen Sie alte, bunte Stofffetzen an eine Wäscheleine: Hier lernt der Kleine, sich nicht von flatternden Dingen aus der Ruhe bringen zu lassen. Eine Stufe schwieriger wird's mit Folienresten, denn diese rascheln auch noch.

ⓘ Legen Sie eine Leiter auf den Boden und führen Sie Ihren jungen Dackel langsam darüber; hier ist Koordination gefragt, denn er lernt, seine Pfoten genau in die Leerräume zwischen den Sprossen zu setzen. Achten Sie darauf, dass der Welpe über die Sprossen schreitet und nicht springt. Wissenschaftliche Untersuchungen belegen, dass dies eine ausgeprägtere Verzweigung der Nervenbahnen im Gehirn zur Folge hat.

ⓘ Stellen Sie eine Hundetransportbox mit geöffneter Tür auf und verteilen Sie in der Box Leckerli. So wird der Welpe schon spielerisch mit der Box vertraut gemacht, verknüpft sie mit etwas Positivem (Futter) und empfindet später die Reise darin als etwas ganz Normales. Achten Sie darauf, dass Sie dem Welpen von Anfang an ein Kommando zum Herauskommen geben. Sagen Sie dieses, bevor er die Kiste von selbst verlassen möchte. Das Herauskommen auf Kommando belohnen Sie mit Futter.

ⓘ Legen Sie eine große Malerfolie auf dem Boden aus: dies ist ein unbekannter, raschelnder und glatter Untergrund, den es zu betreten gilt; streuen Sie für Zaghafte Leckerli auf der Folie aus.

ⓘ Selbst ein Zelt ist ein interessantes Erkundungsobjekt, das sowohl durch die Überdachung als auch durch den Zeltboden neu und aufregend ist.

ⓘ Stellen Sie zum genauen Erforschen einen aufgespannten Sonnenschirm auf den Boden, legen Sie als Lockmittel Leckerli darunter aus.

ⓘ Legen Sie einen Eimer auf den Boden, den Ihr Hundekind ausgiebig erkunden darf.

ⓘ Lassen Sie zunächst in großer (!) Entfernung vom Welpen eine aufgeblasene Butterbrottüte platzen, sodass er den Knall erst nur sehr gedämpft hört; zusätzlich kann er währenddessen von einer zweiten Person mit Futter abgelenkt werden. Erhöhen Sie ganz langsam die Intensität des Geräusches.

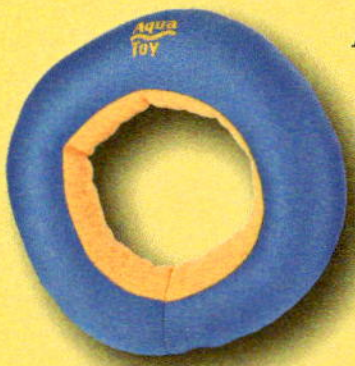

Auf diese Weise lernt ein Welpe Silvesterknallerei und Donnergrollen zu trotzen. Selbstverständlich funktioniert diese Übung auch wieder über eine aufgenommene Kassette oder CD. Beginnen Sie jedoch wie immer erst ganz leise und steigern Sie die Lautstärke langsam.

Bitte beachten Sie Auf keinen Fall ersetzt dieser Spielplatz daheim das Welpenspielen mit Artgenossen auf einem Hundeplatz. Er stellt lediglich eine gute Ergänzung dar, die Ihren Vierbeiner anderen Alltagssituationen gegenüber selbstbewusster und gelassener werden lässt.

Ein Hundeplanschbecken weckt an heißen Sommertagen den Entdeckergeist junger Vierbeiner.

Für Welpen ist es sehr spannend, eine zerlegte Hundetransportbox zu erforschen.

Erste Erziehungsschritte

Beginnen Sie sofort spielerisch mit der Erziehung Ihres Welpen.

Häufig lassen sich gerade Ersthalter vom süßen Blick und putzigen Verhalten ihres neuen Familienmitglieds einwickeln und verschieben die Erziehung des kleinen Rackers zunächst einmal auf unbestimmte Zeit. Machen Sie diesen Fehler nicht. Am aufnahmefähigsten ist ein Welpe bis zur 18. Lebenswoche, nützen Sie also diese Zeit und fangen Sie sofort mit einer spielerischen Erziehung an. Ganz entscheidend für die Lernbereitschaft und damit auch die Lernfähigkeit ist das Lernklima. Stress und Angst sind Gift für ein erfolgreiches Lernen. Sicherlich können Sie das aus eigener Erfahrung gut nachvollziehen. Verschaffen Sie Ihrem Hund daher eine ruhige, angenehme und entspannte Atmosphäre, in der er, verstärkt durch die richtige Motivation, Spaß am Lernen hat.

Stubenreinheit

Wie ein Menschenbaby braucht auch ein Welpe zunächst ein gewisses Bewusstsein dafür, wo er sich lösen darf und wo nicht. Bei der Erziehung zur Stubenreinheit ist viel Behutsamkeit angebracht. Überfordern Sie Ihren kleinen Dackel nicht. Bringen Sie ihn nach jeder Mahlzeit und gleich nach dem Aufwachen zum Lösen ins Freie. Beobachten Sie Ihr Hundekind ganz genau: Selbst, wenn er beispielsweise breitbeinig am Boden schnüffelt, ist schnelles Handeln angebracht, denn post-

Ihr Welpen beobachtet Sie genau und lernt auch über Ihr Verhalten.

Ein Welpe muss erst lernen, wo er sich lösen darf und wo nicht. In der Regel geht dies jedoch recht schnell.

Wie lernt ein Welpe?

ⓘ *Welpen sind ganz genaue Beobachter und lernen somit rasch, wovor Sie Angst haben, wen Sie mögen und wen nicht; auch die familieninterne Rangordnung durchschauen sie schnell.*

ⓘ *Welpen sind Praktiker; vieles lernen sie durch Erfahrung, wie schlechte oder gute Erlebnisse, Bestrafung und Lob.*

ⓘ *Das genaue Lernverhalten eines Welpen ist abhängig von seinem individuellen Charakter, seiner Intelligenz und seinen speziellen, angeborenen Neigungen.*

wendend kann ein Pfützchen folgen. Verrichtet der Kleine draußen sein Geschäft, loben Sie ihn unbedingt überschwänglich.

Als anfängliches Welpenlager nachts empfiehlt sich ein hoher Pappkarton oder eine Transportbox in Ihrem Schlafzimmer, aus der Ihr Vierbeiner nicht selbstständig herauskommt. Weil er sein eigenes Lager nicht beschmutzen möchte, wird er unruhig und fängt an zu winseln, wenn er muss. Tragen Sie ihn dann schnell hinaus. Entdecken Sie ein Pfützchen im Haus, entfernen Sie es stillschweigend und gründlich, damit Ihr Welpe nicht wieder, von seinem eigenen Geruch angezogen, an derselben Stelle uriniert. Ertappen Sie ihn gerade beim Lösen, heben Sie ihn mit einem bestimmten „Nein" hoch und bringen Sie ihn ins Freie. Fährt er dort mit seinem Geschäft fort, loben Sie ihn wieder ausgiebig. Stupsen Sie nie die Hundenase in die Hinterlassenschaften des Welpen, denn dies hat keinerlei Lerneffekt – ein Welpe kann Verknüpfungen nur bis zu einer Viertel Sekunde herstellen –, ist Tierquälerei und somit als Strafe völlig ungeeignet. Es führt nur zu einem Vertrauensbruch zwischen Ihnen und Ihrem Dackel.

Lassen Sie Ihr Hundekind anfangs vorsichtshalber alle ein bis zwei Stunden nach draußen. Je aufmerksamer Sie Ihren Welpen beobachten und je schneller Sie dann reagieren, umso rascher wird Ihr Teckel stubenrein.

Hinter einer plötzlichen Unsauberkeit im Erwachsenenalter verbirgt sich häufig ein unverstandener Hund.

Leinenführigkeit

Mit ein paar Tricks können Sie Ihrem Welpen schnell ein ordentliches Gehen an der Leine beibringen. Bleiben Sie dabei dauerhaft konsequent, gewöhnt sich Ihr Dackel auch später kein übermäßiges Ziehen an. Machen Sie Ihr Hundekind zunächst einmal spielerisch mit seiner Leine vertraut; lassen Sie den Welpen ausgiebig daran schnuppern und zeigen Sie

Machen Sie Ihren Welpen frühzeitig mit Halsband und Leine vertraut, hat später auch der jagdlich geführte Dackel keine Probleme, sich an die Schweißhalsung zu gewöhnen.

Gerade, wenn Kinder mit dem Hund spazieren gehen, sollte eine ordentliche Leinenführigkeit gegeben sein.

ihm, dass hiervon absolut keine Gefahr für ihn ausgeht. Dann leinen Sie Ihren Vierbeiner an und locken ihn mit einem Leckerli oder seinem Lieblingsspielzeug, sodass er ein paar Schritte an der Leine geht. Loben und belohnen Sie ihn ausgiebig, wenn er die Leine vergisst und Ihnen folgt. Geben Sie nicht nach, wenn er sich stur stellt, sich hinsetzt oder fallen lässt.

Setzen Sie sich unbedingt spielerisch durch, denn einige Vierbeiner testen bei dieser Übung bereits, wie weit sie mit ihrem Sturköpfchen gehen können. Versuchen Sie Ihren Welpen in einem solchen Fall abzulenken, machen Sie sich interessant und locken Sie ihn zu sich. Eine weitere Möglichkeit besteht darin, die Leine fallen zu lassen, weiterzugehen und den Namen des Welpen zu rufen. Da der Kleine nicht alleingelassen werden möchte, wird er Ihnen automatisch folgen. Nun loben Sie ihn überschwänglich und geben Sie ihm ein Leckerchen oder sein Lieblingsspielzeug. Diese Übung sollten Sie natürlich nicht an einer Straße durchführen. Die richtige Motivation spielt für den jungen Hund stets eine entscheidende Rolle. Jeder Schritt in die richtige Richtung wird ausgiebig gelobt.

Akzeptiert Ihr Dackel die Leine, geht es daran, ihn gar nicht erst zum Ziehen zu verleiten. Sobald sich die Hundeleine spannt, rufen Sie Ihren Hund zu sich und klopfen Sie sich dabei gleichzeitig aufmunternd ans Bein. Machen Sie Ihren Hund auf Sie aufmerksam, indem Sie ein Leckerli oder das Lieblingsspielzeug Ihres Vierbeiners in der Hand halten. Reden Sie immer wieder mit Ihrem Teckel und motivieren Sie ihn mit Spaß, an lockerer Leine bei Ihnen zu bleiben. Loben Sie ausgiebig, wenn Ihr kleiner Schüler zu Ihnen kommt und auch bei Ihnen bleibt. Die täglichen Spaziergänge werden für Sie beide interessanter, wenn Sie öfters neue Wege gehen.

Erfolgreiche Verzögerungstaktik

Eine gute Leinenführigkeit erreichen Sie auch, wenn Sie stehen bleiben, sobald sich die Leine spannt. Sprechen Sie nicht mit Ihrem Hund und ziehen Sie auch selbst nicht an der Leine, sondern warten Sie einfach ab. Stoppt der Spaziergang, wird sich Ihr haariger Begleiter schnell umdrehen, um zu sehen, warum es eine Verzögerung gibt. In diesem Moment lockert sich die Leine: Loben Sie Ihren Vierbeiner sofort ausgiebig und setzen Sie Ihren Gang in die genau entgegengesetzte Richtung fort. Diese Übung verlangt viel Ruhe und Geduld. Zunächst sind etliche Wiederholungen nötig, doch bald hat Ihr Dackel verstanden, dass auf ein Ziehen an der Leine ein sofortiger Stillstand und anschließender Richtungswechsel erfolgt, kein Leinenzug jedoch viel Lob und Spaß bringt.

Immer nur an der kurzen Leine gehen ist langweilig und nicht artgerecht. Lassen Sie Ihren Dackel daher möglichst oft rennen und sich austoben.

Stoppen Sie den Spaziergang sofort, wenn sich die Leine spannt. Gehen Sie erst weiter, wenn sich die Leine wieder lockert.

Um übermäßiges Ziehen an der Leine einzudämmen, ist ein Leinenruck oder -zug Ihrerseits nicht empfehlenswert: Dies kann die empfindliche Halswirbelsäule und den Kehlkopf massiv verletzen. Außerdem zeigen Sie dem Hund genau *das* Verhalten, welches Sie ihm eigentlich abgewöhnen wollen. Ziehen Sie auch dann nicht an der Leine, wenn Ihr Vierbeiner längere Zeit schnüffelt und nicht weitergehen will. Motivieren Sie ihn lieber mit aufmunternden Worten oder einer Spielaufforderung, Ihnen zu folgen. Das Weitergehen

Vorsicht mit Flexileinen

Verwenden Sie aufrollbare Flexileinen erst, wenn Ihr Hund zuverlässig leinenführig ist, ansonsten könnte ihn die vermeintlich gegebene Freiheit durch die Länge dieser Leine zu einem stetigen Ziehen verleiten. Auch sollten Sie ihm dann ein Geschirr anlegen, da es doch mal zu einem kleinen Sprint an der langen Leine kommen kann, der mit einem Ruck endet. Dieser wäre schädlich für die Halswirbelsäule des Halsband tragenden Hundes.

Gehen Sie zunächst nur kurz aus dem Zimmer, wenn Ihr Welpe mit einem Kauspielzeug beschäftigt ist.

können Sie sogar üben, indem Sie immer das gleiche Kommando wie beispielsweise „Weiter" sowie eine auffordernde Handbewegung verwenden. Am schnellsten lernt Ihr Hund diese Übung unangeleint auf einer Wiese. Weil sich Hunde sehr an Ihrer Körpersprache orientieren, ist es wichtig, dass Sie nach der gesprochenen Aufforderung „Weiter" auch wirklich weitergehen und nicht stehen bleiben. Folgt Ihnen Ihr Dackel, loben Sie ihn sofort wieder kräftig und geben Sie ihm ein Leckerli oder spielen Sie zur Belohnung mit ihm.

Alleinbleiben

Gesittetes Alleinbleiben will gelernt sein und zwar von klein auf, schließlich kann man einen Hund nicht immer und überall hin mitnehmen. Lassen Sie Ihren Hund zunächst nur kurz allein und zwar erst, wenn er sich in Ihrer Umgebung ganz sicher und geborgen fühlt. Verlassen Sie das Zimmer, wenn er schläft oder mit einem Kauröllchen beschäftigt ist. Liegt Ihr Welpe bei Ihrer Rückkehr noch brav auf seinem Platz, loben Sie ihn.

Vergrößern Sie langsam die Zeitspanne und gehen Sie schließlich ganz aus dem Haus. Machen Sie kein Drama aus Ihrem Weggang und verabschieden Sie sich nicht groß. Je mehr Aufhebens Sie um Ihren Aufbruch und Ihre Rückkehr machen, umso eher erziehen Sie Ihren Vierbeiner zu späterer Trennungsangst. Loben und belohnen Sie ihn jedoch, wenn er brav auf Sie gewartet hat.

Trotz aller Übung gibt es immer wieder „Härtefälle", die sich sehr schwer mit dem gesitteten Alleinbleiben tun. Solchen Hunden können Sie die Zeit des Wartens mit einem kleinen Animationsprogramm versüßen.

Langeweile muss nicht sein

Damit Ihr Hund Ihre Gardinen, Möbel, Kissen oder andere Einrichtungsgegenstände verschont, geben Sie ihm Pappschachteln oder leere Allzweckrollen, um seinen Frust abzureagieren.

Auch kleinere, stabile Kartons mit Deckel garantieren eine abwechslungsreiche Beschäftigung. Verstecken Sie darin in Zeitung gewickelte Leckerlis. Während Supernasen die Knabbereien sofort erschnuppern und eifrig „auspacken", können Sie für weniger Geübte einige „Duftlöcher" in den Deckel stechen.

Versteckt Ihr Hund gerne Leckereien, hat es sich bewährt, ihm Plätze in der Wohnung dafür einzurichten, an denen er nach Herzenslust „graben" darf. Hierfür verteilen Sie beispielsweise ausgediente Handtücher oder Decken an verschiedenen Stellen eines Raumes. Dies schützt Sie auch davor, einen feuchtklebrigen Kauknochen oder Ähnliches abends in Ihrem Bett zu finden.

Ein kurzweiliges Animationsprogramm kann helfen, Ihren Hund während Ihrer Abwesenheit von allerhand Unfug abzuhalten.

Vielen Hunde fällt das Warten in Gesellschaft eines Artgenossen leichter.

Auch Hunde, die satt und müde sind, bleiben besser alleine.

Kurzweiliger wird das Warten ebenfalls mit einem Futterball aus dem Zoofachhandel, der nur ab und zu, bei bestimmten Bewegungen, über verschieden große Öffnungen Leckerlis frei gibt. Hier muss der Hund Geduld und Geschicklichkeit beweisen, wodurch er von anderem Schabernack abgelenkt wird.
Läuft während Ihrer Abwesenheit das Radio, fühlt sich Ihr Dackel nicht so einsam.
Da geteiltes Leid bekanntlich halbes Leid ist, kann auch die Anschaffung eines Zweithundes oder die vorübergehende Vergesellschaftung mit einem befreundeten „Leihhund" aus der Nachbarschaft helfen. Letzteres hat schon so manchen Quälgeist zur Vernunft gebracht, sodass er inzwischen sogar alleine und, ohne außerplanmäßige Dummheiten zu machen, auf Herrchens Heimkehr wartet.
Hat Ihr Vierbeiner während Ihrer Abwesenheit etwas angestellt, schimpfen Sie ihn nicht. Dafür müssten Sie ihn wirklich auf frischer Tat ertappen, ansonsten bringt er die Bestrafung nur mit Ihrer Rückkehr, nicht aber mit seinem Vergehen in Zusammenhang. Ignorieren Sie Ihren Hund lieber, bis alle Spuren beseitigt sind.

Weitere Tipps

Das Alleinbleiben fällt Hunden leichter, die müde sind. Gehen Sie daher vorher mit Ihrem Vierbeiner spazieren oder spielen Sie mit ihm. Auch satte Hunde sind schläfrig. Es empfiehlt sich also außerdem, ihn vor Ihrem Weggang zu füttern. Lassen Sie ihn anschließend aber noch einmal nach draußen, damit er sich lösen kann. Viele Hunde tröstet schon ein vertrautes Kleidungsstück wie eine ausrangierte Socke oder eine alte Jacke von Ihnen im Körbchen.

Die Flegelphase eines jungen Hundes kann recht nervenaufreibend sein und für den Halter so manch unliebsame Überraschung bereithalten.

Abgewöhnen von Jugendsünden

Etwa ab dem achten Lebensmonat beginnt die Flegelphase eines Junghundes. In diese Zeit fällt auch die Geschlechtsreife des Vierbeiners.

Das Anspringen kommt gar nicht gut an, vor allem wenn der Hund vorher im Wasser war und sich anschließend noch mit Dreck „paniert" hat.

Nun testet Ihr Dackel vermehrt aus, wie weit er gehen kann, und ob er Ihnen wirklich gehorchen muss oder nicht. Außerdem stellt der Jungspund allerhand Unfug an. Manche Hunde sind hierbei sehr erfinderisch. Kein Wunder, schließlich suchen sie mit ihrem aufmüpfigen Verhalten ihre genaue Rangposition innerhalb des Familienrudels. Spätestens jetzt ist ein konsequentes Grenzen setzen enorm wichtig, ansonsten wächst Ihnen Ihr Dackel schnell über den Kopf. Achten Sie unbedingt auf feste sowie klare Regeln und einen strukturierten Tagesablauf. Nur so merkt Ihr Vierbeiner, wer in der Familie das Sagen hat; er orientiert sich daran und passt sich an.

Anspringen

Hunde begrüßen und beschwichtigen ranghöhere Artgenossen, indem sie deren Mundwinkel lecken, ein Verhalten, das im Futterbetteln von Wolfswelpen bei ihrer Mutter begründet liegt. Genauso möchten sich die Vierbeiner bei uns Menschen geben, doch „leider" ist dies den Hunden aufgrund unserer Größe nicht möglich, ohne uns dabei anzuspringen. Zwar ist dieses Verhalten durchaus gut gemeint und gilt als Geste der Unterordnung, trotzdem aber ist es, zu Recht, nicht besonders beliebt. Immerhin bringt ein kräftiger Hund eine gewisse Masse mit, die einen nicht ganz standfesten Menschen im wahrsten Sinne des Wortes regelrecht umhauen kann. Außerdem sind gerade bei Schmuddelwetter hündische Drecktapser auf einer hellen Hose nicht unbedingt wünschenswert. Gewöhnen Sie daher schon dem Welpen ab, Menschen anzuspringen, indem Sie und Ihr Besuch sich bei jeder stürmischen Begrüßung vom Hund wegdrehen und ihn ignorieren. Sie kommen außerdem der ausgelassenen Freude Ihres Vierbeiners zuvor, wenn Sie sich zu ihm hinunterbeugen und seine Sprungversuche bereits unten abfangen. Wenden Sie sich Ihrem Hund allerdings erst zu, wenn er sich etwas beruhigt hat. Kommentieren Sie ein eventuelles Springen mit einem energischen „Ab" und loben Sie Ihren Dackel ausgiebig, wenn er unten bleibt.

Knabber- und Beißspiele

Absolut unerwünscht ist das Beknabbern und Zerbeißen von Schuhen oder Ähnlichem. Der vierbeinige Teenager zwickt auch gerne in Hände, Füße und (Hosen-)Beine. Zwar ist das Knabbern nicht generell schlecht, immerhin nimmt der Junghund damit seine Umgebung ganz genau unter die Lupe; neue Dinge lernt er also auf diese Weise erst einmal kennen. Trotzdem müssen Sie dieses Verhalten zuhause in die richtigen Bahnen lenken. Am besten bekommt Ihr Dackel gar keine Gelegenheit, an Ihre Schuhe oder Socken zu gelangen. Hat er doch einmal etwas Unerlaubtes zwischen den

Schuhe üben auf junge Hunde scheinbar eine besondere Anziehungskraft aus.

Füttern Sie Ihren Hund auch im Freien nicht vom Tisch, sonst erziehen Sie ihn regelrecht zum Betteln.

Zähnen, nehmen Sie es ihm mit einem energischen „Nein" weg. Nach einer kurzen Pause lenken Sie ihn mit einem kleinen Spiel ab, und geben ihm anschließend ein erlaubtes Kauspielzeug. In dieser Phase ist es besonders wichtig, dem Vierbeiner genügend „legale" Knabberspielsachen aus Hartgummi, Hartholz oder Büffelhaut zur Verfügung zu stellen, denn häufig kaut der Welpe schon aus Langeweile. Ebenfalls unerlässlich ist natürlich eine angemessene Auslastung durch Spaziergänge und Spiele.

Vergreift sich Ihr Teckel im Spiel zu fest an Ihrer Hand, reagieren Sie erneut mit einem „Nein" und beenden Sie das Spiel sofort. Bald stellt der Kleine sein Zwicken ein, denn der stets folgende Spielentzug macht das Beißen unattraktiv.

Betteln

Füttern Sie Ihren Hund am Tisch, fordert Ihr Dackel mit der Zeit seinen Obolus schon durch vehementes Betteln ein. Selbst wenn Sie dieses Verhalten nicht stört, fällt Ihr Junghund und damit auch Ihre Erziehung bei Besuchern oder in einer eventuellen Pflegestelle doch sehr negativ auf. Damit es erst gar nicht so weit kommt, richten Sie Ihrem Vierbeiner von Anfang an einen eigenen, festen Futterplatz ein; nur hier wird er gefüttert. Während Ihrer Mahlzeit muss Ihr Vierbeiner auf seinem Platz liegen. Möchten Sie ihm dennoch ein kleines Stückchen Wurst oder Käse von Ihrer Brotzeit aufheben, geben Sie es dem Hund trotzdem erst, wenn Sie mit Essen fertig sind.

Futterklau

Viele Hunde klauen bei jeder Gelegenheit wie die Raben alles Essbare vom Tisch. Trotz ihrer geringen Größe sind Dackel hier unglaublich erfinderisch, um an Nahrhaftes zu gelangen. Dies ist dem Vierbeiner nur schwer abzugewöhnen, denn es handelt sich dabei um ein selbst belohnendes Verhalten: Der Hund wird mit dem geklauten Futter umgehend für seine Tat belohnt. Diese Verstärkung bringt Ihren Hund also dazu, die unerlaubte Handlung immer wieder durchzuführen. Am besten lassen Sie nichts Essbares in Reichweite Ihres Dackels liegen.

Schimpfen Sie Ihren Hund nur, wenn Sie ihn auf frischer Tat ertappen, ansonsten hat er seinen Diebstahl vergessen und bringt die Strafe mit Ihrer Rückkehr in Verbindung. Einen Futterklau können Sie auch provozieren und gleich mit einem schlechten Erlebnis für den Vierbeiner kombinieren: Befestigen Sie dafür an einem besonders verlockend duftenden Leckerbissen laut scheppernde Blechdosen. Platzieren Sie die Verlockung nun genau an der Tischkante. Entfernen Sie sich anschließend aus dem Zimmer und lassen Sie Ihren Hund mit der Versuchung allein. Schnappt er jetzt nach der Leckerei, fallen auch die Dosen lärmend zu Boden.

Trotz seiner kurzen Beine ist der Dackel enorm erfinderisch, wenn es darum geht, an Fressbares zu gelangen.

Ihr Dieb erschrickt sich und wird so schnell nichts mehr vom Tisch klauen.

Springen auf Möbel

Hunde springen gerne auf das Bett, die Couch oder einen Sessel, denn sie lieben erhöhte Sitz- und Liegeplätze. Neben dem gemütlichen Liegekomfort spielt hier auch die tolle Rundumsicht, mit der Hund stets alles im Blick hat, eine Rolle. Im Prinzip spricht nichts dagegen, wenn er auf Kommando hinauf- und besonders auch wieder hinabspringt. Tut er das nicht, oder nur unter Protest, lassen Sie ihn gar nicht mehr auf das Sofa. Eine Bestrafung nützt dann allerdings nur, wenn Sie den Täter prompt überführen. Machen Sie Ihrem Vierbeiner bevorzugte Liegeflächen wie Bett oder Couch während Ihrer Abwesenheit so ungemütlich wie möglich: Legen Sie eine dünne Decke aus, unter der Sie lärmende Gegenstände wie Topfdeckel oder mit Kieselsteinen gefüllte Blechdosen verstecken. Springt Ihr Hund nun auf das so präparierte Sofa, erschrickt er durch die laut scheppernden Dinge. Auch der Liegekomfort ist dadurch stark beeinträchtigt, Ihre Couch verliert somit schnell ihren Reiz. Manchmal reicht es sogar schon, den verbotenen Platz mit beidseitigem Klebeband zu präparieren: Bei jeder Berührung ziept es, weil einige Haare daran hängen bleiben.

Weil Dackel generell sehr wachsam sind, können sie sich bei Langeweile schnell zu Kläffern entwickeln.

Dackel lieben erhöhte Aussichtsplätze – für sehr selbstbewusste Vertreter sollten jedoch Couch und Bett tabu sein.

Übermäßiges Bellen

Dauerkläffen kann verschiedene Ursachen haben. Viele Hunde bellen, um mehr Aufmerksamkeit zu bekommen. Ihre wütende Reaktion reicht ihnen meist schon als Bestätigung und Motivation, weiterzumachen. Andere Vierbeiner bellen aus Unsicherheit oder Angst: Etliche sensible Vertreter werden gerade während Ihrer Abwesenheit aus Verlassensangst laut (siehe Seite 54 „Alleinbleiben"). Manchen Kläffern wurde das Bellen auch unbewusst anerzogen: Gerade bei Junghunden wird das Anschlagen häufig in bestimmten Situationen durch eine Belohnung gefördert. Oft steigern sich Hunde immer weiter in ihr Kläffen hinein, gerade Dackel sind zudem äußerst wachsam. Um übermäßiges Bellen abzustellen, ist in erster Linie eine intensive, auslastende Beschäftigung wichtig. Fordern Sie Ihren Teckel mit einer alternativen Aufgabe. Loben und Belohnen Sie Ihren Hund in Bellpausen ausgiebig. Lassen Sie Ihren redseligen Vierbeiner während seiner „Arie“ ins „Platz“ gehen: Im Liegen fühlen sich Hunde unsicherer und möchten nicht noch zusätzlich auf sich aufmerksam machen. Auch ein großer Kauknochen kann hilfreich sein. Bellt Ihr kleiner „Frechdachs“ im Garten oder auf dem Balkon, wirkt eine Wasserpistole mit größerer Reichweite Wunder: Der Hund wird überraschend getroffen und verbindet die Strafe nicht mit Ihrer Hand.

Grundkommandos

„Sitz“

Reagiert Ihr Dackel zuverlässig auf seinen Namen, beginnen Sie mit der „Sitz“-Übung. Nehmen Sie hierfür ein Leckerli in die Hand,

Das „Sitz“ lernt der Vierbeiner in der Regel schnell. Verbinden Sie den gesprochenen Befehl gleich mit einem Sichtzeichen.

Aufgepasst!

Trainieren Sie mit Ihrem Hund nur, wenn Sie seine volle ***Aufmerksamkeit*** *haben. Machen Sie sich für Ihren Vierbeiner zunächst also mit einem Leckerli oder seinem Lieblingsspielzeug interessant. Beginnen Sie die Übung erst, wenn Ihr Vierbeiner genau auf Sie achtet.*

Für ein erfolgreiches Training ist es wichtig, dass Sie die volle Aufmerksamkeit Ihres Dackels haben.

zeigen Sie es Ihrem Hund, damit er aufmerksam wird, aber geben Sie es ihm noch nicht. Führen Sie nun den Futterbrocken langsam an der Nasenspitze des Vierbeiners vorbei nach oben und dann nach hinten, in Richtung Hundestirn. Weil Ihr haariger Schüler dem verlockenden Leckerbissen folgen möchte, muss er sich am Ende Ihrer Handbewegung zwangsläufig hinsetzen. Belohnen Sie ihn jetzt sofort mit der Leckerei, sagen Sie dabei das Kommando „Sitz“ und loben Sie ihn ausgiebig. Wiederholen Sie diese Übung mehrmals täglich. Setzt sich Ihr Vierbeiner nicht hin, drücken Sie zusätzlich sanft sein Hinterteil nach unten. Loben und belohnen Sie sofort, wenn er sitzt und geben Sie auch den Befehl „Sitz“. Klappt die Lektion schließlich auf Kommando, verwenden Sie zusätzlich zur Sprache ein Sichtzeichen (z. B. erhobener Zeigefinger).

Das Üben des „Platz"-Befehls bauen Sie am besten aus dem „Sitz" heraus auf.

Später genügt das visuelle Signal, damit Ihr Dackel absitzt. Das Erlernen von Sichtzeichen kann Ihnen und Ihrem Hund vor allem auf die Entfernung hin sehr nützlich sein. In der Regel lernen Hunde das „Sitz" sehr schnell.

„Platz"

Das Einüben des „Platz"-Befehls ist häufig schwieriger als das Erlernen des Kommandos „Sitz", weil das Hinlegen auf Befehl vom Hund als Unterordnung empfunden wird. Nicht jeder Vierbeiner möchte sich so einfach ergeben, daher kann es hierbei vor allem mit sehr selbstbewussten Hunden Probleme geben.

Lassen Sie Ihren Dackel zunächst vor Ihnen absitzen und anschließend an Ihrer Hand schnuppern, in der ein Leckerli versteckt ist. Gehen Sie dann mit Ihrer verlockend duftenden Hand von der Hundenase abwärts zwischen den Vorderbeinen des Hundes bis auf den Boden; dort angekommen ziehen Sie das Leckerli langsam zu sich her. Da Ihr haariger Schüler dem Futterbrocken mit der Nase folgen möchte, wird er sich aus Bequemlichkeit am Ende von selbst hinlegen, um besser an Ihre Hand zu gelangen. Sagen Sie genau in diesem Moment „Platz", loben Sie den Hund ausgiebig und belohnen Sie ihn mit dem Leckerli. Diese Übung funktioniert auch, wenn Sie sich auf den Boden knien, ein Bein nach vorne ausstrecken und den Hund mit einem Leckerli unter Ihrem gestreckten Bein hindurch locken. Klappt das „Platz", führen Sie ein zusätzliches Sichtzeichen ein. Winkeln Sie dafür beispielsweise Ihren Unterarm im 90°-Winkel an und strecken Sie ihn langsam nach unten aus; Ihre Handfläche bleibt dabei ebenfalls ausgestreckt.

Lern-Tipps

Trainieren Sie kein neues Kommando ehe das vorher angefangene nicht sicher klappt! Üben Sie nie mit Ihrem Hund, wenn Sie gestresst und schlecht gelaunt sind oder keine Zeit haben. Ihre negative Stimmung überträgt sich sofort auf Ihren vierbeinigen Schüler; er ist dadurch verunsichert und bekommt unter Umständen eine Lernblockade. An erster Stelle des Trainings muss immer Spaß und gute Laune stehen.

Das „Bleib" ist ein sehr wichtiges Signal, wenn Sie den Dackel in einer bestimmten Stellung verharren lassen möchten.

Wichtiges Auflösungskommando

Vergessen Sie nicht, Befehle wie „Sitz", „Platz", „Bleib" oder „Hier" durch ein entsprechendes Gegenkommando wie beispielsweise „Lauf" wieder aufzuheben. ***Achtung:*** *Besonders zu Beginn der Ausbildung ist es sehr wichtig, ein Kommando schnell wieder aufzulösen. In jedem Fall bevor der Hund von sich aus aufsteht und die Übung nach seinem Ermessen beendet!*

Gerade für den jagdlich geführten Teckel ist das „Bleib" von großer Bedeutung.

„Bleib"

Das Kommando „Bleib" wird in der Hundeerziehung meist unterschätzt. In vielen Situationen kann es von großer Bedeutung sein, den Vierbeiner in einer bestimmten Position verharren zu lassen, beispielsweise vor dem Bäcker, im offenen Kofferraum, an einer Straße oder um den Hund von der Verfolgung von Wild oder einer Katze abzuhalten, was bei einem Dackel allerdings eher selten gelingt.

Am einfachsten lernt Ihr Teckel den Befehl „Bleib" über die Grundkommandos „Sitz" und „Platz". Lassen Sie Ihren Vierbeiner zunächst vor Ihnen absitzen oder abliegen. Kombinieren Sie dabei das „Sitz" oder „Platz" ab jetzt mit dem Wort „Bleib". Verwenden Sie zusätzlich von Anfang an folgendes Sichtzeichen: Ihre Handfläche zeigt am ausgestreckten Arm zu Ihrem Hund. Dies symbolisiert Ihrem Dackel ein Stopp bzw. ein Verharren in der momentanen Position. Erstrecken Sie das „Bleib" anfangs nur über eine sehr kurze Zeitspanne und steigern Sie diese erst allmählich. Sparen Sie wie immer nicht mit Lob. Schimpfen Sie andererseits nicht, wenn Ihr wedelnder Schüler zunächst nicht in der gewünschten Stellung bleibt. Hier helfen nur Geduld und ein ruhiges „Nein" sowie das anschließende erneute In-Position-Bringen unter Verwendung der entsprechenden Befehle (z. B. „Sitz und Bleib") und des Sichtzeichens. Vergrößern Sie neben dem Zeitfaktor allmählich auch die Entfernung zum Hund. Erhöhen Sie den Schwierigkeitsgrad nach und nach, indem Sie die Übungsorte wechseln und außerdem Ablenkungen für Ihren Dackel schaffen, auf die er natürlich nicht reagieren darf (z. B. durch Geräusche, Gegenstände, andere Menschen, andere Hunde). Selbst wenn Sie außer Sichtweite sind, sollte Ihr vierbeiniger Gefährte schließlich in der gewünschten Position verharren. Erschweren Sie die Übung immer erst dann, wenn der vorausgegangene Schritt wirklich sitzt. Beherrscht Ihr haariger Kamerad das Kommando „Bleib" perfekt, können Sie es ab jetzt in Ihren Alltag integrieren und Ihren vierbeinigen Musterschüler beispielsweise in Erwartung eines leckeren Mitbringsels vor einem Supermarkt oder bei einer Revierkontrolle neben Ihrem Rucksack beziehungsweise unter dem Hochsitz warten lassen. Auch als ruhig verharrendes Fotomodell macht Ihr Dackel nun eine gute Figur.

„Hier"

Trainieren Sie das Herkommen zunächst in einem abgeschlossenen Terrain, in dem sich für den Hund möglichst wenige Ablenkungen bieten. Stellen Sie sich in kurzer Distanz vor den Hund hin und gehen Sie in die Hocke. Ist

Leckerlis sind stets ein gutes Lockmittel, um den Hund zum Herkommen zu bewegen, trotzdem sollten sie etwas Besonderes bleiben.

Machen Sie sich interessant

Macht Ihr Hund keine Anstalten, auf Befehl zu Ihnen zurückzukommen, sind Sie sicherlich zu uninteressant für ihn. Versuchen Sie die Aufmerksamkeit Ihres Vierbeiners mit einer spannenden Stimme, dem Zeigen eines Leckerlis, einer lustigen Spielaufforderung oder einem Sprint in die entgegengesetzte Richtung, zu erreichen. Erst dann wird er auf Ihr Kommando reagieren.
Kommt Ihr Hund erst nach längerem Warten zu Ihnen zurück, schimpfen Sie ihn auf keinen Fall, denn dann verbindet er die Schelte gerade mit seiner Rückkehr. Er hat längst vergessen, dass er nicht auf den „Hier"-Befehl gehört hat.

Ihr Dackel voll auf Sie konzentriert, rufen Sie ihn beim Namen und gleich darauf das Kommando „Hier". Locken Sie Ihren Hund zusätzlich mit einem Leckerli oder seinem Lieblingsspielzeug. Kommt der Vierbeiner auf Sie zu, loben und belohnen Sie ihn ausgiebig. Vergrößern Sie die Distanz nach und nach. Gehen Sie jedoch wie immer erst zur nächsten Trainingseinheit über, wenn die Vorherige sicher sitzt. Loben Sie den Vierbeiner wieder überschwänglich, wenn er bei Ihnen ankommt.
Klappt das „Hier" zuverlässig in abgeschlossenem Terrain, beginnen Sie mit ersten Übungen im freien Feld. Dabei erweist sich eine leichte, lange Leine als hilfreich. Lassen Sie die Leine neben dem Hund schleifen; auf das Kommando „Hier" ziehen Sie Ihren Dackel ganz sanft zu sich her. Schnell lernt Ihr haariger Gefährte, Ihren verlängerten Arm zu respektieren und zuverlässig auf Befehl zu kommen, auch wenn Ablenkungen in der Nähe sind.
Die tägliche Fütterung eignet sich ebenfalls als Lockmittel. Wartet der Hund beispielsweise hungrig auf sein Futter, bringen Sie ihn in ein anderes Zimmer und lassen ihn dort von einer Hilfsperson festhalten. Gehen Sie dann zurück zum Napf und rufen „Hier" oder benutzen Sie die Hundepfeife. Der Vierbeiner wird losgelassen und rennt sofort zu Ihnen beziehungswei-

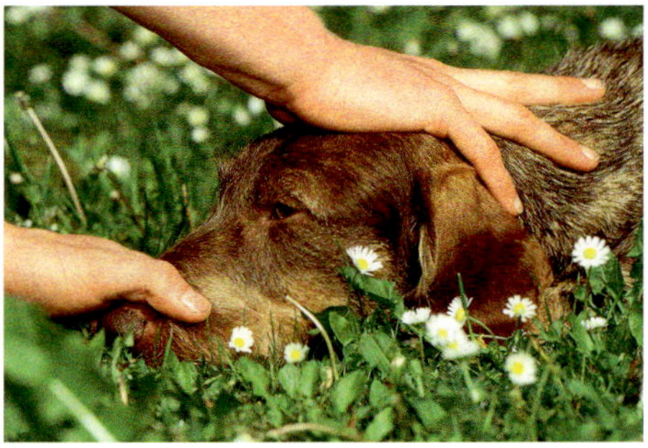

Setzen Sie Strafen nur wohldosiert und gut überlegt ein – schnell zerstört man gegenseitiges Vertrauen.

se seinem heiß ersehnten Fressen. Mit dieser Methode verknüpft Ihr Dackel den gerufenen „Hier"-Befehl, der dem Pfiff auf der Hundepfeife entspricht, immer mit etwas Angenehmem.
Kommt Ihr Hund mehr oder weniger zufällig zu Ihnen, sagen Sie erneut sofort das Kommando „Hier" und loben und belohnen Sie ihn überschwänglich. Auch dieses Zufallsprinzip ist Erfolg versprechend.

Lob und Strafe

Lob ist in der Hundeerziehung der Schlüssel zum Erfolg. Belohnen Sie jeden Schritt in die richtige Richtung eines erwünschten Verhaltens sofort, auch wenn Ihr Hund zufällig handelt. Nur so motivieren Sie Ihren Vierbeiner, aus Spaß an der Freude mit Ihnen weiterzuarbeiten. Richten Sie die Art der Belohnung individuell nach den Vorlieben Ihres Dackels: Manche Hunde freuen sich schon sehr über ein gesprochenes Lob und Streicheleinheiten, andere bevorzugen Leckerlis; einige Vertreter sind glücklich, wenn sie ihr Lieblingsspielzeug bekommen, wieder andere empfinden ein lustiges Spiel als tolle Belohnung.
Setzen Sie Strafen dagegen nicht in Form von körperlicher Gewalt ein: Eine körperliche Züchtigung kann, abgesehen von einem raschen Vertrauensbruch, sogar als positive Verstärkung wirken, schließlich bekommt der Vierbeiner damit Aufmerksamkeit bzw. Zuwendung, auch, wenn diese negativer Art ist. Sie bestärkt ihn wiederum in seinem Fehlverhalten und veranlasst ihn dazu, weiterzumachen. Deutlich wirkungsvoller als Gewalt ist der Entzug von Zuwendung, wenn es die Situation zulässt. Ignorieren Sie unerwünschtes Verhalten also einfach. Bellt Ihr Hund beispielsweise übermäßig, beachten Sie es nicht; belohnen Sie andererseits aber jede Bellpause. So lernt Ihr vierbeiniger Freund, dass sich

Lob und Belohnung sind das A und O einer erfolgreichen Hundeerziehung; sparen Sie daher nicht damit!

Nicht-Bellen mehr auszahlt als Kläffen. Wirkungsvoll ist außerdem, Ihren Vierbeiner mit einem energischen „Nein" und „Geh Körbchen" auf seinen Platz zu schicken und ihn dort zu ignorieren. Bestimmte Angewohnheiten können Sie Ihrem Hund auch abgewöhnen, indem Sie ihm seine Macken einfach verleiden oder seine Aufmerksamkeit auf etwas Erlaubtes umlenken (siehe Seite 55 „Abgewöhnen von Jugendsünden").

Fazit Sparen Sie in der Hundeerziehung also nicht mit Lob und Belohnung; Strafen Sie dagegen nur wohldosiert und gut überlegt, denn das Vertrauen eines Vierbeiners ist durch unüberlegtes Handeln schneller zerstört, als es sich später wieder aufbauen lässt.

Bitte beachten Sie Schwerwiegende Verhaltensauffälligkeiten wie Schnappen oder Beißen dürfen selbstverständlich nicht ignoriert werden. Wenden Sie sich in einem solchen Fall unbedingt an einen kompetenten Hundetrainer.

Machen Sie bereits den Welpen mit den wichtigsten Pflegehandgriffen vertraut.

Von Kopf bis Pfote gepflegt

Gewisse Pflegemaßnahmen sind bei Hunden unerlässlich. Daher gewöhnen Sie am besten schon Ihren Welpen an die wichtigsten Handgriffe. Gehen Sie grundsätzlich bei allen Pflegemaßnahmen sanft und behutsam vor. Macht das Hundekind hier schlechte Erfahrungen oder dauert es ihm zu lang, wird es Körperpflege zukünftig als unangenehm empfinden und ihr lieber aus dem Weg gehen wollen. Pfotenabputzen und Stillhalten beim Bürsten müssen

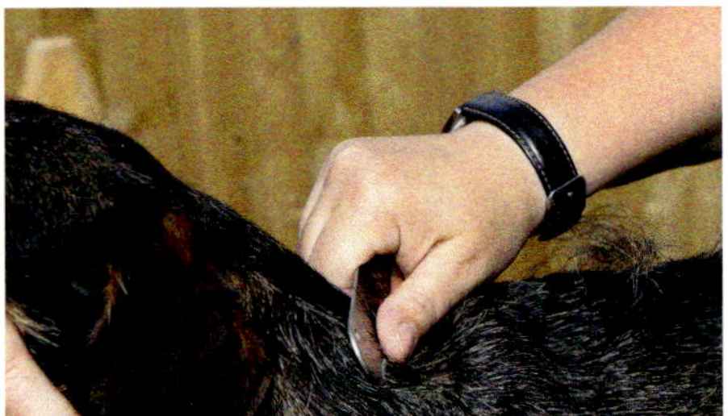

Das Bürsten stellt in der Regel kein Problem dar, wird es vom Hund doch auch als angenehme Massage empfunden.

erst einmal gelernt werden. Führen Sie Ihren Welpen auch möglichst frühzeitig an die Augen-, Ohr-, Zahn- und Krallenkontrolle heran. Bleibt Ihr Hundekind bei der Pflege ruhig und gelassen, belohnen und loben Sie es ausgiebig. Wehrt sich dagegen Ihr junger Vierbeiner oder wird er albern, bringen Sie ihn mit einem bestimmten „Nein" zur Ruhe. Hält er wieder still, loben und belohnen Sie ihn sofort.

Diverse Kräutermischungen lassen Ihren Dackel leichter durch den Fellwechsel kommen.

Fellpflege

Wölfe haben ihre ganz eigene Art der Fellpflege: Sie nehmen Sand- und Schlammbäder, die gleichzeitig wie eine Massage wirken und die Talgdrüsen der Haut anregen. Die Haare werden durch Lecken gereinigt, wobei der Speichel dabei Keime abtötet. Unsere Hunde verhalten sich ganz ähnlich, allerdings entspricht diese Art der Fellpflege nicht unserem hygienischen Verständnis, sodass wir hier gerne nachhelfen. An das Bürsten gewöhnt sich der Dackel in der Regel schnell, denn bald merkt er, dass Fellpflege auch eine sehr angenehme Massage sein kann, die hervorragend die Durchblutung der Haut anregt.

Bürsten Sie immer mit dem Strich, also in Haarwuchsrichtung von vorne nach hinten und untersuchen Sie Ihren wedelnden Freund nebenbei gleich auf einen eventuellen Parasitenbefall oder Hautverletzungen. In der Regel reicht es aus, einen Kurzhaar- und Rauhaardackel einmal wöchentlich mit einem Naturhaarstriegel oder einem Noppenhandschuh zu bürsten. Langhaardackel benötigen etwas mehr Pflege; vor allem die feinen Haare an den Ohren, den Läufen, der Rute und am Bauch müssen regelmäßig gekämmt werden, damit sie nicht verfilzen.

Unterstützen Sie den halbjährlichen Haarwechsel von innen mit einer über das Futter gestreuten Kräutermischung aus Löwenzahn, Birkenblättern, Brennnesseln und Ackerschachtelhalm. Spitzwegerich, Kerbel und Petersilie helfen aufgrund ihres hohen Vitamingehalts, das Immunsystem anzuregen. Entsprechende Fertigpräparate gibt es inzwischen im Fachhandel zu kaufen.

Weil zu häufiges Baden die Schmutz abweisende und wetterfeste Schutzschicht des Felles zerstört, sollten Sie Ihren Welpen nur im Notfall in die Wanne setzen. Anschließendes Föhnen ist zu vermeiden, denn das ungewohnte Geräusch, die Lautstärke und das warme Gebläse machen einem Hund leicht Angst. Rubbeln Sie den Kleinen nach dem Abspülen eines milden Hundeshampoos lieber gut mit einem Handtuch trocken und lassen Sie ihn an kalten Tagen wegen der Erkältungsgefahr nicht sofort ins Freie, sondern stellen Sie seinen Korb in die Nähe der wärmenden Heizung. In der Regel reicht das Ausbürsten oder Abrubbeln von Schmutz.

Pfoten

Nützen sich die Krallen Ihres Dackels nicht auf natürliche Weise ab, müssen sie von Zeit zu Zeit geschnitten werden, damit sie nicht abbrechen. Führen Sie Ihren Welpen hier ganz langsam und in kleinen Schritten heran: Nehmen Sie zunächst immer wieder abwechselnd eine seiner Pfoten auf und halten Sie diese kurz in der Hand. Fasst der Hund Ihr Vorgehen als lustiges Spiel auf oder will er seine

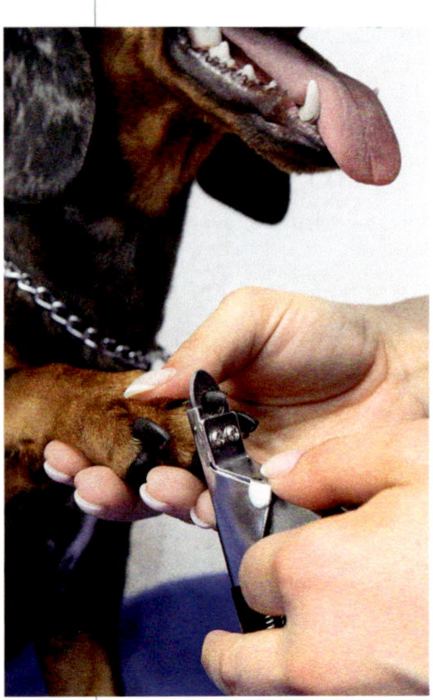

Die Krallen Ihres Hundes müssen geschnitten werden, wenn sie sich nicht auf natürliche Weise abnutzen; einmal schneiden heißt allerdings immer schneiden.

Pfote wegziehen, korrigieren Sie ihn mit einem energischen „Nein“; bleibt er ruhig, loben Sie ihn ausgiebig. Zum Krallenschneiden verwenden Sie eine spezielle Zange aus dem Fachhandel. Achten Sie darauf, dass Sie keine Blutgefäße verletzen. Am besten lassen Sie sich die richtige Technik erst einmal von Ihrem Tierarzt zeigen.

Das Pfotenabputzen üben Sie ebenfalls durch das abwechselnde Aufnehmen der Pfoten. Möchte Ihr Junghund während des Abputzens in das Handtuch beißen, reagieren Sie erneut mit einem „Nein“. Verhält er sich dagegen brav, winkt am Ende wieder eine Belohnung. Im Winter empfiehlt sich zusätzlich eine regelmäßige Ballenkontrolle, denn durch das viele Streusalz wird die Pfotenunterseite leicht trocken oder rissig; Abhilfe schaffen Einreibungen mit Hirschtalg, Melkfett oder Vaseline. Beim Rau- und Langhaardackel kann es gerade im Winter nötig sein, das Fell an den Pfoten und Ballen zu kürzen, damit sich keine schmerzhaften Schneeklumpen in den Haaren bilden, die den Hund beim Laufen behindern.

Augen, Ohren, Zähne

Besonderer Behutsamkeit bedarf das Heranführen an die Augenpflege. Streichen Sie Ihrem Welpen schon im Spiel oder während des Streichelns immer wieder kurz über die Augen.

Sekret oder Verkrustungen in den Augenwinkeln entfernen Sie später mit einem weichen, feuchten, sauberen Tuch. Im Zoofachhandel bekommen Sie hierfür spezielle Pflegetücher.

Auch die Ohren sollten Sie öfters kontrollieren. Als Vorübung zur Ohrenpflege heben Sie die Behänge immer wieder mal an und sehen in die Ohrmuschel hinein. Achten Sie darauf, dass sich weder Krusten oder Fremdkörper im

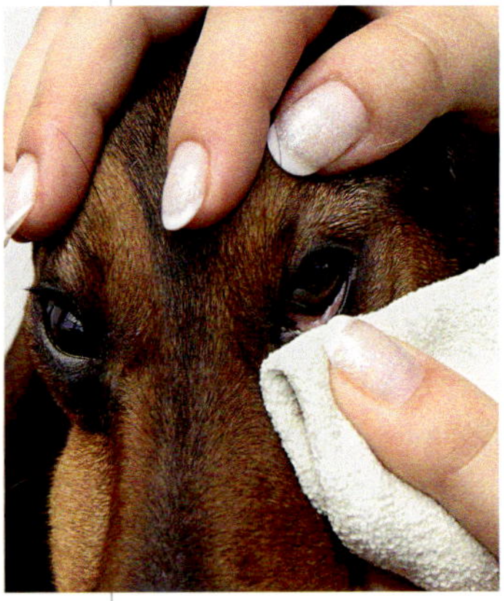

Augenpflege ist wichtig, damit es nicht durch Sekret oder Verkrustungen zu Entzündungen kommt.

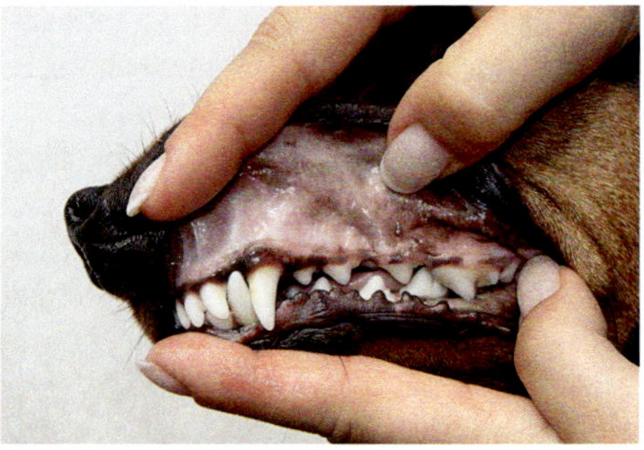

Durch eine regelmäßige Zahnkontrolle können Sie schädliche Beläge rechtzeitig erkennen und behandeln sowie Zahnstein vorbeugen.

Zahnwechsel bei Welpen

Der Zahnwechsel beginnt etwa im vierten Lebensmonat Ihres Hundes. Geben Sie Ihrem Vierbeiner in dieser Zeit genügend Kaumaterial wie Büffelhautknochen und Spielzeug aus Hartgummi oder Hartholz. Gegen eventuell auftretende Schmerzen helfen, wie bei Babys, das zuckerfreie Dentinox-Gel aus Kamillenblüten oder das homöopathische Kombi-Präparat Osanit. Fällt ein Milchzahn auch nach längerer Zeit nicht von selbst aus, obwohl schon der neue Zahn sichtbar ist, lassen Sie den alten vom Tierarzt ziehen, um Gebissfehlstellungen zu vermeiden.

Die wichtigsten Pflegeutensilien

- ✓ Je nach Haarart Ihres Hundes Striegel oder Noppenhandschuh, Bürste oder Kamm
- ✓ Flüssiger Ohrreiniger vom Tierarzt
- ✓ Reinigungstücher für die Augen
- ✓ Hundezahnbürste und -pasta bzw. Kaustripes zur Zahnpflege
- ✓ Krallenschere
- ✓ Vaseline, Hirschtalg oder Melkfett zur Ballenpflege
- ✓ Zeckenzange

Ohr befinden, noch Haare in den Gehörgang wachsen. Eventuell vorgefundene, unangenehme Parasiten müssen schnell behandelt werden. Halten Sie das Hundeohr sauber, damit es nicht zu schmerzhaften Entzündungen durch Bakterien oder Pilze kommt. Verwenden Sie für die Säuberung des Gehörgangs jedoch keine Wattestäbchen, sondern nur spezielle Flüssigreiniger vom Tierarzt.

Eine regelmäßige Zahnkontrolle führen Sie am besten von klein auf bei Ihrem Dackel durch. Während des Zahnwechsels braucht der junge Vierbeiner genügend Kaumaterial (siehe Kasten oben). Harte Leckereien zwischendurch entfernen schädliche Beläge. Zur dauerhaften Gesunderhaltung von Zähnen und Zahnfleisch empfiehlt sich regelmäßiges Zähneputzen; hierfür gibt es im Zoofachhandel oder bei Ihrem Tierarzt Hundezahnbürsten und -pasten. Aber auch zahnpflegende Kaustripes haben sich bewährt. Allerdings sind diese in Hundekreisen wohl Geschmacksache und nicht bei jedem Vierbeiner beliebt.

Aus hygienischen Gründen sollten Sie in das Hundekörbchen nur Decken, Polster oder Kissen legen, die maschinenwaschbar sind.

Schmuddelwetter-Tipps

Das wichtigste Utensil an Schlechtwettertagen ist sicherlich ein Handtuch. Am besten legen Sie schon im Auto ein Tuch griffbereit, um Ihren Dackel bereits vor dem Einsteigen gründlich abrubbeln zu können. Im Fahrzeug selbst hat es sich bewährt, den Hundeplatz mit einer waschbaren Decke oder einer Gummischmutzfangmatte auszustatten: Beide Teile sind leicht separat zu reinigen, ohne dass Sie gleich das

Um Ihren Dackel optimal zu pflegen, benötigen Sie diverse Utensilien.

Legen Sie, nicht nur an Schmuddelwettertagen, ein Handtuch für Ihren Dackel griffbereit.

ganze Auto unter Wasser setzen müssen. Ebenfalls möglich ist die Unterbringung des nassen Hundes in einer mit saugfähigen Tüchern ausgelegten Transportbox, denn auch diese ist einfach zu säubern und begrenzt den Schmutzeintrag auf eine kleine Fläche.
Legen Sie ein weiteres Handtuch vor die Haustür, mit dem Sie Ihren Dackel bereits vor der Wohnung gründlich abrubbeln können. So bleibt der größte Dreck auf jeden Fall draußen.
Kann Ihr haariger Kamerad jederzeit zwischen Haus und Garten frei pendeln, empfiehlt sich ein feuchtes oder gut saugendes Tuch auf dem Boden des Verbindungsbereiches. Läuft Ihr Hund nun in die Wohnung, tritt er sich schon ganz automatisch die Pfoten auf seinem „Eingangsteppich" ab.
Gerade in der Schmuddelwetterzeit ist es sehr vorteilhaft, wenn Ihr Vierbeiner auf Kommando seinen Platz aufsucht und dort so lange bleibt, bis Sie den Befehl wieder aufheben. Ist Ihr haariger Begleiter also noch nicht ganz trocken, können Sie ihn sofort nach der Rückkehr vom Spaziergang in sein Körbchen schicken,

Weitere Pflege-Tipps

Auch regelmäßige Impfungen gegen Staupe, Hepatitis, Leptospirose, Parvovirose und Tollwut sowie Entwurmungen gehören zu den obligatorischen Pflegemaßnahmen bei einem Hund. Um einen Parasitenbefall zu vermeiden, ist außerdem ein sauberer Schlafplatz wichtig: Verwenden Sie nur Decken, Kissen oder Polster, die maschinenwaschbar sind. Untersuchen Sie Ihren Hund zudem von Frühjahr bis Herbst täglich auf Zecken, denn diese könnten Ihren Hund mit Borreliose infizieren. Spezielle Präparate schützen vor starkem Zeckenbefall. Lassen Sie sich bei der Wahl des richtigen Mittels von Ihrem Tierarzt beraten.

Nach einem Spaziergang bei Regenwetter ist es sehr praktisch, wenn Ihr Hund auf Befehl sein Körbchen aufsucht und somit nicht den ganzen Dreck in der Wohnung verteilt.

ehe er überhaupt die Gelegenheit hatte, den Dreck im ganzen Haus zu verteilen. Für einen noch feuchten Vierbeiner ist ein Hundeplatz an der wärmenden Heizung angebracht; beachten Sie außerdem unbedingt: Zugluft ist für einen nassen Hund Gift.

Mit etwas Geduld und Geschick des Hundeführers lernen besonders eifrige Vierbeiner auch, sich bereits vor dem Haus auf Befehl zu schütteln oder auf dem Fußabstreifer die Pfoten abzuputzen. Gewöhnen Sie Ihrem Vierbeiner außerdem von vornherein ab, Sie oder andere Menschen anzuspringen. Besucher mit hellen Hosen werden nicht wirklich von einer stürmischen Begrüßung Ihres nassen Dackels begeistert sein.

Für Sie als begleitender Zweibeiner ist ein extra Schlechtwetter-Dress ratsam, das heißt: tragen Sie lieber ältere, zweckdienliche Kleidung und nicht gerade die tollsten Neuerwerbungen. Auch eine Regenhose ist praktisch: Sie schützt Ihre Hosen vor Nässe und Schmutz. Gummistiefel dürfen in keinem Hundehaushalt fehlen, so bleiben gute Halbschuhe an Schlechtwettertagen trocken.

Wellness für den Dackel

Wellness macht nicht nur uns Menschen Spaß. Mit entsprechenden Maßnahmen können Sie auch Ihrem Teckel etwas Gutes tun. Sichtlich wird er es genießen, sich einmal so richtig von Ihnen verwöhnen zu lassen.

Bachblüten und Homöopathie

Bestimmte Bachblüten und homöopathische Mittel verhelfen Ihrem Hund zu neuen Kräften. So wirken beispielsweise die Blüten Centaury, Chicory, Clematis und Crap Apple entschlackend und reinigend. Crap Apple hat außerdem eine ausgleichende Wirkung auf den Stoffwechsel und das Immunsystem.

Richtig verwöhnen können Sie Ihren Teckel mit verschiedenen Anwendungen aus dem Wellnessbereich.

Centaury erfrischt und vitalisiert. Olive stellt das innere Gleichgewicht bei Erschöpfung wieder her, Agrimony stärkt und schützt vor Überbelastung. Die Abwehrkräfte Ihres Dackels werden mit Echinacea-Globuli gestärkt. China und Ignatia haben sich bei Erschöpfungszuständen und Stress bewährt. Gegen Muskelkater und Überanstrengung eignen sich Arnica und Traumeel. Bei Verspannungen kann Magnesium phosphoricum helfen.

Inzwischen gibt es schon fertige Bachblütenmischungen oder homöopathische Präparate im Zoofachhandel zu kaufen. Möchten Sie jedoch tiefer in die Materie einsteigen, lassen Sie sich von einem erfahrenen Therapeuten beraten.

Diverse Homöopathika haben sich auch bei Hunden bewährt, um zu neuen Kräften zu gelangen.

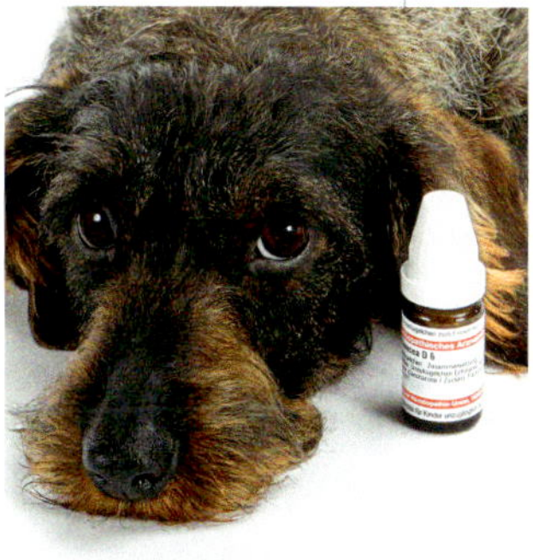

Doggy-Wellness: Rückenmassage im Garten.

Mit Massage, Akupressur und TTouch® entspannen

Eine wohltuende Massage darf in keinem Verwöhnprogramm fehlen. Sie erfolgt am besten in Bauch- oder Seitenlage des Hundes. Dabei können Sie in einfachen, geraden Linien streicheln oder in Wellen. Auch ein Kreisen Ihrer Handflächen wirkt entspannend. Variieren Sie zusätzlich den Druck. Massieren Sie jedoch nicht zu kräftig, Ihr Hund soll sich schließlich wohlfühlen und keine Schmerzen haben. Bearbeiten Sie besonders belastete Partien wie die Beinmuskulatur extra sanft mit den Fingerkuppen. Lockernd wirkt leichtes Kneten und Rollen von Haut und Muskeln. Streichen Sie am Ende einer Massage immer den ganzen Körper des Hundes noch einmal sanft aus. Eine Massage sollte nicht länger als 15 bis 20 Minuten dauern; gewöhnen Sie Ihren Dackel erst langsam an diese Zeitspanne. Massieren Sie nie, wenn Ihr Vierbeiner eine Infektion oder gerade gefressen hat.

Die Akupressur ist eine Abwandlung der Akupunktur. Hier wird ohne Nadeln, nur mit der Berührung und dem Druck der Finger gearbeitet. Dies hat neben dem körperlichen Aspekt auch eine sehr positive, entspannende Wirkung auf die Psyche des Hundes.

Die TTouch®-Methode hingegen besteht aus unterschiedlichen Bewegungen und Handpositionen, die im Uhrzeigersinn auf der Haut des Hundes in verschiedenen Druckstärken ausgeführt werden. Vor allem bei seelischen Störungen sowie zur allgemeinen Beruhigung, zum Stressabbau und Wiederherstellung des Vertrauens hat sich der TTouch® bewährt. Auch zur Schmerzlinderung wird diese Methode erfolgreich eingesetzt. Etliche Hundeschulen bieten inzwischen TTouch®-Seminare an.

Aroma-, Farb- und Musiktherapie für neues Wohlbefinden

Die Aromatherapie fördert die seelische Ausgeglichenheit, aktiviert den Kreislauf und stärkt die Abwehrkräfte. Sie erfrischt und verhilft zu neuer Energie. Die ätherischen Öle werden dabei entweder in einer Duftlampe, einem Kräutersäckchen, einem speziellen Hundehalstuch oder direkt auf dem Liegeplatz Ihres Hundes angewendet, allerdings wohldosiert (2 bis 3 Tropfen) und nur, wenn es Ihrem Vierbeiner auch wirklich behagt. Eine Duftlampe sollte mindestens eine Stunde brennen. Da ein Hund sehr empfindliche Schleimhäute hat, dürfen Sie die Öle nie direkt auf ihn träufeln. Stärkend, aufbauend und reinigend für den gesamten Organismus wirken Lavendel, Orange, Zitrone, Geranium, Grapefruit und Muskatellersalbei. Mandarine und Melisse beruhigen und entspannen. Mimose baut zusätzlich seelisch auf. Zimt und Vanille wird eine ausglei-

Eine sanfte, sparsam dosierte Aromatherapie kann Ihrem Dackel zu neuer Energie verhelfen.

Heutzutage können Sie sich schon an vielen Orten zusammen mit Ihrem Hund verwöhnen lassen.

Wellness vom Profi

Inzwischen bieten viele Hundephysiotherapeuten auch Wohlfühlbehandlungen für Hunde an. Dabei werden häufig verschiedene Techniken miteinander kombiniert. So erhält die Massage Ihres Vierbeiners gleichzeitig eine Untermalung mit angenehmen Düften und entspannender Musik. Beruhigendes Licht darf dabei selbstverständlich ebenfalls nicht fehlen. Neben der herkömmlichen Massage gehören häufig auch Fuß- oder Ohrreflexzonenmassagen zum Behandlungsspektrum. Einige Therapeuten verfügen sogar über eigene Hundeschwimmbäder. Manche Praxen bieten Kurse in Massage, Akupressur und TTouch® für den Eigengebrauch an. Außerdem finden Sie im Fachhandel interessante Bücher zum Thema.
Wer die Kosten nicht scheut, kann sich auch zusammen mit seinem Hund in speziellen Wellness-Hotels verwöhnen lassen.

chende, beruhigende und entspannende Wirkung nachgesagt. Neroli-Öl harmonisiert.
Hunde wie auch Menschen sprechen sehr gut auf farbiges Licht an. Rot hat sich besonders bei Erschöpfungszuständen und Appetitlosigkeit bewährt. Orange kommt hingegen bei Immunschwäche zum Einsatz. Gelb hilft bei schwachen Nerven und Schockzuständen. Grün wirkt ausgleichend und Blau beruhigend. Violett wird bei Nervosität, Ängstlichkeit, Hysterie und zur Verarbeitung von Traumata eingesetzt.

Bestimmte Musikrichtungen entspannen unsere Vierbeiner, wie Untersuchungen ergeben haben.

Auch Musik entspannt Ihren Dackel. Untersuchungen haben ergeben, dass gerade langsame Barockmusik eine sehr beruhigende Wirkung auf Vierbeiner hat. Genauso gut geeignet ist Herrchens oder Frauchens Meditations-CD. Wer musikalisch jedoch auf Nummer Sicher gehen will, kann inzwischen im Fachhandel spezielle Musik für Hunde erwerben.

Eine ausgewogene Ernährung bildet die Basis für ein gesundes, langes Hundeleben.

Ernährung

Eine ausgewogene Ernährung ist maßgeblich an der Gesunderhaltung des Vierbeiners beteiligt, somit gehört sie ebenfalls zum Wohlfühlprogramm Ihres Dackels. Füttern Sie nur hochwertiges Futter, das dem Alter, Gesundheitszustand und der Auslastung Ihres vierbeinigen Freundes angepasst ist; so benötigen arbeitende Gebrauchshunde beispielsweise energiereicheres Futter als normal beanspruchte Familienhunde. Auch Welpen brauchen eine andere Ernährung als erwachsene Hunde, schließlich sind sie noch in der Entwicklung. Der Fachhandel hält inzwischen für alle Altersklassen und Bedürfnisse spezielles Hundefutter parat. Mit einem qualitativ hochwertigen Fertigfutter gehen Sie also in jedem Fall auf Nummer sicher: Ihr Dackel wird optimal mit allen wichtigen Nährstoffen versorgt. Trotzdem vertragen manche Hunde das handelsübliche Futter nicht. In diesem Fall müssen Sie selbst zum Kochlöffel greifen. Dies ist nicht ganz einfach, denn die richtige Zusam-

Die Hundemahlzeit lässt sich sehr gut mit natürlichen Zusätzen wie Obst, Gemüse und Kräutern ergänzen.

mensetzung einer ausgewogenen Ernährung ist fast schon eine Wissenschaft für sich.
Auch das „Barfen“ (= biologisch artgerechte Rohfütterung) ist möglich. Aber auch hier ist eine umfassende Information vorab durch einen Tierarzt oder entsprechende Fachliteratur sehr wichtig.
Im Folgenden finden Sie jedoch einige Tipps für eine abwechslungsreiche und gesunde Hundemahlzeit.
Fleisch und Ballaststoffe in Form von Reis oder Hundeflocken bilden die Basis einer ausgewogenen Hundeernährung. Achten Sie zusätzlich auf eine ausreichende Vitamin- und Mineralstoffversorgung. Diese geschieht am besten in Form von natürlichen Zusätzen wie frischem, unbehandeltem Obst, Gemüse, Kräutern, Hüttenkäse oder Naturjoghurt. Bei Obst eignen sich Äpfel sehr gut. Sie sind reich an Vitaminen und Mineralien und wirken durch die enthaltenen Pektine entgiftend. Gemüse ist nicht nur gesund, es fördert mit seinen Ballaststoffen auch die Verdauung. Außerdem beeinflusst es positiv den Säure-Base-Haushalt des Hundes. Ideal sind Möhren – sie enthalten viel Karotin, die Vorstufe von Vitamin A, außerdem Mineralstoffe und Spurenelemente. Geben Sie zusätzlich immer etwas Öl; dies hilft bei der Verwertung des fettlöslichen Vitamin A. Gekochter Broccoli ist ebenfalls sehr gesund; er wirkt krebsvorbeugend und entgiftend. Spinat, Erbsen, grüne Bohnen und Tomaten runden einen ausgewogenen Speiseplan ab. Kräuter wie Brennnesseln, Basilikum, Petersilie, Löwenzahn und Dill sind

Tipp!

Für alle Hundefutter-Hobbyköche gibt es im Buch- und Zoofachhandel eine breite Palette an Ratgebern zum Thema „Hundeernährung“. Wenn Sie für Ihren Hund kochen, ist ein umfassendes Informieren unerlässlich, damit Ihr Vierbeiner durch einen ausgewogenen Speiseplan wirklich optimal mit allen wichtigen Nährstoffen versorgt wird und es nicht zu Mangelerscheinungen kommt.

Verträgt Ihr Dackel das im Handel erhältliche Futter nicht, müssen Sie für ihn zum Kochlöffel greifen.

Warnung vor Schokolade

Schokolade enthält Theobromin, das für Hund und Katze lebensgefährlich sein kann. Ein paar Riegel dunkle Schokolade können einen kleineren Hund töten.

Regelmäßige Rippenkontrolle

Überprüfen Sie regelmäßig, ob Ihr Hund nicht zu dick wird. Steht Ihr Hund vor Ihnen, müssen seine Rippen rechts und links deutlich zu spüren sein.

Ihr Hund ist, was er isst – denn Schönheit kommt bekanntlich von innen.

Ob Welpe oder ausgewachsender Hund – der Fachhandel bietet für jeden das passende Futter an.

nicht nur reich an wichtigen Vitaminen, Mineralien und Spurenelementen, sie haben auch eine heilende Wirkung bei verschiedenen Krankheiten (Beispiele siehe Seite 104ff., „Vorsorge"). In Zeiten extremer Anforderung oder erhöhter Krankheitsanfälligkeit ist eventuell ein zusätzliches Vitaminpräparat nötig. Halten Sie sich hier allerdings genau an die vom Tierarzt oder in der Packungsbeilage angegebene Dosierung, denn selbst Vitamine können überdosiert schaden.

Schönheit kommt von innen

Da Schönheit bekanntlich von innen kommt, ist der Speiseplan Ihres Hundes auch für ein glänzendes Fell und eine gesunde Haut verantwortlich. Eine große Rolle spielen dabei die Vitamine A und E sowie Zink, außerdem essentielle Fettsäuren wie Omega-3 und Omega-

Wussten Sie schon, dass ...

... Hundekuchen zum ersten Mal um 1860 von J. Spratt als Spezialnahrungsmittel für Hunde in England angeboten wurde? Sein Gehilfe war Charles Cruft, nach dem 1886 die jährlich stattfindende größte Hundeausstellung der Welt benannt wurde.

Stellen Sie Ihrem Dackel nicht permanent Futter zur Verfügung, sondern führen Sie feste Fresszeiten ein.

6. Um einem Mangel vorzubeugen, der sich in stumpfem Fell, Schuppen, Haarausfall, Juckreiz, fettiger Haut und Infektanfälligkeit äußert, geben Sie ab und zu einen Löffel Maiskeim-, Sonnenblumen-, Distel- oder Pflanzenöl über das Futter. Hochwertiges Eiweiß ist ebenfalls unverzichtbar, allerdings reagieren manche Hunde allergisch auf rohes Eiweiß. Auch Hefe und Biotin verhelfen zu einer gesunden Haut und glänzendem Fell. Ab und zu ein rohes, frisches Eigelb ist ebenfalls gut für Haut und Haare, denn es enthält viele Spurenelemente und Vitamine. Die zerriebene Eierschale versorgt Ihren Vierbeiner dagegen mit natürlichem Calcium.

Hat Ihr Hund ein wenig zugelegt, bauen Sie überschüssige Pfunde Ihres Dackels lieber mit einem ausgewogenen, aber kalorienarmen Diätfutter als mit einer Kürzung der normalen Futtermenge ab. Auch eine Streckung des herkömmlichen Futters mit Puffreis (im Zoofachgeschäft erhältlich), kann bei einer Diät hilfreich sein.
Achten Sie stets auf saubere Hundenäpfe und täglich frisches Wasser.

Selbst gebackene Hundeleckerli

Fischstäbchen

Sie brauchen dafür folgende Zutaten:

1 Dose Thunfisch (im eigenen Saft)
6 EL Haferflocken
2 Eier
2 EL Semmelbrösel
2 EL gehackte Petersilie

Gießen Sie den Saft des Thunfisches ab. Vermischen Sie dann alle Zutaten zu einem homogenen Teig. Formen Sie nun kleine „Stäbchen" und legen Sie diese auf ein mit Backpapier ausgelegtes Backblech. Die Fischstäbchen werden im vorgeheizten Backofen bei 175 °C (mittlere Schiene) ca. 30 Minuten gebacken. Anschließend im Ofen abkühlen lassen. Die Fischstäbchen halten, in einer Frischhaltedose im Kühlschrank aufbewahrt, ca. 2–3 Wochen. Geben Sie Ihrem Dackel täglich nicht mehr als drei bis vier dieser Leckerlis, denn sie sind sehr gehaltvoll.

EXTRA

Elf goldene Futterregeln

Feste Zeiten einhalten

Feste Fütterungszeiten sind wichtig, um den Stoffwechsel des Hundes nicht unnötig durcheinanderzubringen. Füttern Sie daher also nicht wahllos, wenn Sie gerade Zeit haben. Ein ausgewachsener Hund sollte ein- besser noch zweimal täglich seine Mahlzeit bekommen.

Die Menge macht's

Ein Dackel weiß nicht von selbst, wie viel Futter er braucht. Bieten Sie Ihrem Vierbeiner daher auf keinen Fall unbegrenzt Futter an. Bei Fertignahrung finden Sie grobe Richtwerte zu den Mengenangaben auf der Futterpackung. Überprüfen Sie aber immer auch an Ihrem Hund, ob diese Menge angemessen ist, denn häufig wird zu viel Futter angegeben. Kochen Sie selbst, fragen Sie Ihren Tierarzt nach der angemessenen Portionsgröße für Ihren Hund. Heikle Tiere werden zum besseren Fressen animiert, wenn ihnen das Futter nur eine begrenzte Zeit zur Verfügung steht.

Vorsicht mit Kaltem

Gerade im Sommer ist es wichtig, frisches Hundefutter im Kühlschrank aufzubewahren, damit es nicht verdirbt. Verfüttern Sie es allerdings nur zimmerwarm. Zu kaltes Futter kann Verdauungsprobleme hervorrufen. Außerdem entfaltet Frisch- und Nassfutter seinen vollen Geschmack erst bei Zimmertemperatur. Muss es doch einmal schnell gehen, erwärmen Sie das Fressen kurz im Kochtopf, Wasserbad oder in der Mikrowelle.

Abwechslung ist Trumpf

Auch Hunde sind Feinschmecker und lieben Abwechslung. Die große Auswahl an Fertigfutter macht es Ihnen hier leicht. Bereichern Sie den Speiseplan zusätzlich hin und wieder mit Äpfeln, Karotten, Quark, Hüttenkäse, Nudeln, Reis oder Kräutern. Beachten Sie bei der Fütterung auch das Alter, den Gesundheitszustand und die Auslastung Ihres Vierbeiners. Inzwischen gibt es für alle Ansprüche speziell zusammengesetzte Nahrung.

Langsame Futterumstellung

Führen Sie Futterumstellungen nur langsam und schrittweise durch, damit sich der Verdauungstrakt Ihres Hundes an die neue Nahrung gewöhnen kann.

6 Es muss nicht immer Fleisch sein
Wölfe nehmen mit dem Darminhalt ihrer Beutetiere immer auch wichtige pflanzliche Nahrung auf. Daher ist es falsch, anzunehmen, Hunde seien reine Fleischfresser. Für eine ausgewogene Ernährung benötigen sie einen gewissen Anteil an pflanzlicher Nahrung. In Fertigfutter wurde dies bereits bei der Zusammensetzung berücksichtigt. Kochen Sie selbst, mischen Sie das Fleisch am besten mit Nudeln, Reis, Gemüse oder speziellen Hundeflocken.

7 Betteln ist tabu
Fallen Sie nicht auf den treuen Blick Ihres Vierbeiners rein, sie tun ihm damit nichts Gutes. Erstens erziehen Sie ihn so erst zum Betteln und zweitens bekommt Ihr Hund auf diese Weise auch schnell mal etwas Süßes, das sehr schädlich für ihn ist. Belohnen Sie ihn nur mit speziellen Hundeleckerlis.

8 Keine Reste vom Tisch
Geben Sie Ihrem Dackel nie Reste Ihrer eigenen Mahlzeit. Ihr Hund darf hier auf keinen Fall vermenschlicht werden, denn er hat ganz andere Ernährungsansprüche als Sie. Unsere stark gewürzten Speisen führen bei Vierbeinern schnell zu schweren Gesundheitsstörungen. Füttern Sie nur spezielles und ausgewogenes Hundefutter.

9 Finger weg von Milch
Natürlich ist Milch auch bei Hunden beliebt. Viele Tiere bekommen davon jedoch Verdauungsstörungen. Daher gilt: Keine Milch, sondern täglich frisches Wasser als Getränk anbieten.

10 Kein rohes Schweinefleisch
Füttern Sie kein rohes Schweinefleisch, denn dadurch kann sich Ihr Hund mit der lebensbedrohlichen Aujeszkyschen Krankheit infizieren. Die Symptome sind ähnlich wie bei der Tollwut, daher wird die Krankheit auch „Pseudowut" genannt. Schweinefleisch darf nur gut durchgekocht verfüttert werden. Rohes Rindfleisch ist dagegen unbedenklich.

11 Nach dem Essen sollst du ruhen
Füttern Sie Ihren Dackel immer erst nach einem Spaziergang. Rennen und Toben mit vollem Magen ist tabu: schnell kommt es zu Verdauungsstörungen bis hin zur lebensgefährlichen Magendrehung.

Ausstellungen

Ausstellungen sind eine interessante Plattform, um die Vielfalt einer Rasse kennenzulernen und mit Züchtern und Haltern in Kontakt zu kommen.

Hundeausstellungen sind für Rassehundefreunde eine besonders interessante Plattform. Schon vor der Anschaffung eines Vierbeiners können Sie sich hier genau über eine bestimmte Rasse informieren, denn Sie erleben nicht nur etliche Vertreter live, sondern haben auch die Möglichkeit, mit Haltern und Zuchtvereinen in Kontakt zu treten und auf diese Weise Erfahrungsberichte aus erster Hand zu sammeln.

Bei den Ausstellungen selbst geht es um die genaue Überprüfung und Bewertung der Hunde hinsichtlich des vorgeschriebenen Rassestandards und der durch den betreuenden Verein festgelegten Zuchtkriterien. Für einige Hundehalter ist die Teilnahme an einer Ausstellung reiner Spaß. Sie möchten solch eine Veranstaltung einfach einmal mitmachen, um nur interessehalber zu hören, wie Ihr Vierbeiner vor einem professionellen Richter abschneidet. Vielleicht hat sie sogar der Züchter ihres Hundes dazu überredet, schließlich ist es für den Züchter selbst wichtig und interessant zu sehen, wo sein Nachwuchs und somit auch seine Zuchtlinie steht. Viele Aussteller sind bereits in das Zuchtgeschehen involviert; es sind langjährige und zukünftige Züchter, aber auch Deckrüdenbesitzer, die ihre Vierbeiner über die Teilnahme an Ausstellungen bekannter machen möchten.

Auf einer Hundeausstellung herrscht eine ganz besondere Atmosphäre. Das Sehen und

Gesehenwerden steht in jedem Fall im Vordergrund. Die Einteilung der Hunde erfolgt in verschiedene Klassen, getrennt nach Geschlechtern. Bei der abschließenden Bewertung werden bestimmte Formwertnoten vergeben (siehe Kasten Seite 80).

Dabeisein ist alles

Wollen Sie auch einmal mit Ihrem Dackel im Ring stehen, sei es aus reinem Vergnügen oder weil sie mit ihm züchten möchten, ist ein gutes Sozialverhalten Ihres Hundes natürlich Pflicht, schließlich wird er zunächst in einer Gruppe mit anderen Teckeln vorgeführt. Außerdem ist eine ordentliche Leinenführigkeit schon die halbe Miete einer gelungenen Präsentation. Bei der anschließenden Einzelbewertung erfolgt die genaue Begutachtung Ihres Hundes durch den Richter: Dieser prüft neben dem Gangwerk das Stockmaß, die genauen Proportionen, Besonderheiten des Standards und die Zähne. Dieses Beurteilungsritual sollten Sie schon vorab üben, damit sich Ihr Dackel auch von fremden Menschen ins Maul sehen und natürlich überhaupt berühren lässt. Der Umgang und das korrekte Vorführen des

Üben Sie mit Ihrem Dackel schon vor einer Ausstellung, dass er sich problemlos von fremden Menschen anfassen und begutachten lässt.

Diese Drei könnten als Zuchtgruppe auf einer Ausstellung antreten.

So funktioniert's

Rassen- und Klasseneinteilung

Der Dackel wurde von der FCI (Fédération Cynologique Internationale) in die Gruppe 4, Dachshunde, mit Arbeitsprüfung, eingeteilt. Teckel haben eine eigene Gruppe, da es 9 verschiedene Teckel-Varietäten gibt und zwar Kaninchen-, Zwerg-, Normalteckel und diese drei Größen wiederum in allen drei Haararten Kurz-, Rau- und Langhaarteckel.

Als Startklassen gibt es:

- *Jüngstenklasse (6–9 Monate)*
- *Jugendklasse (9–18 Monate)*
- *Zwischenklasse (15–24 Monate)*
- *Offene Klasse (ab 15 Monate)*
- *Veteranenklasse (ab 8 Jahre)*
- *Gebrauchshundklasse (ab 15 Monate mit Arbeitsprüfung)*
- *Championklasse (ab 15 Monate für Champions und Gewinner bestimmter Titel)*
- *Ehrenklasse (startberechtigt nur mit dem FCI-Titel „Internationaler Schönheitschampion")*

Formwertnoten

- *Vorzüglich (V)*
- *Sehr gut (SG)*
- *Gut (G)*
- *Genügend (Ggd)*
- *Disqualifiziert (Disq)*

Die vier besten Hunde einer Klasse werden platziert, sofern sie mindestens die Formwertnote „Sehr gut" erhalten haben.

Beurteilungen in der Jüngstenklasse

vielversprechend (vv)
versprechend (v)
wenig versprechend (wv)

Weitere Wettbewerbe

Zuchtgruppe *Sie besteht aus mindestens drei Hunden einer Rasse aus demselben Zwinger; die Hunde müssen am Tag der Ausstellung in der Einzelbewertung mindestens den Formwert „Gut" bekommen haben.*
Paarklasse *Sie besteht aus jeweils einem Rüden und einer Hündin, die Eigentum eines Ausstellers sein müssen.*
Juniorhandling *Dies ist ein Vorführwettbewerb für Jugendliche, der als Vorbereitung gedacht ist, Hunde auch später im Ausstellungsring zu präsentieren.*
Veteranen-Wettbewerb *Hier können Hunde ab dem 8. Lebensjahr starten. Es wird nach den Vorgaben des Standards besonders die Gesamtkonstitution, der Pflegezustand des Vierbeiners sowie die im Ring gezeigte Kondition beurteilt.*

Oft ist der Spaß am Präsentieren nur auf die Zweibeiner beschränkt – die Vierbeiner würden lieber im Freien toben.

Hundes fließen in die Bewertung mit ein; so erkennen die Richter genau, wer mit seinem Vierbeiner das optimale Präsentieren trainiert hat. Nicht selten wird ein Ausstellungsneuling darauf hingewiesen, dass seine Führfehler der Grund für eine schlechtere Bewertung des Hundes sind, im Vierbeiner jedoch mehr Potenzial steckt. Eine gute und umfassende Vorbereitung für eine Zuchtschau bekommen Sie durch ein professionelles Ringtraining, das von manchen Hundevereinen oder auch Züchtern angeboten wird.
Für die Teilnahme an einer Zuchtschau sollten Sie sich aber nicht nur im Vorfeld Zeit nehmen, auch die Ausstellung selbst dauert meist einen ganzen Tag, wobei Sie die meiste Zeit sicherlich mit Warten verbringen. Wie die Hunde selbst das Ausstellungsgeschehen aufnehmen, ist unterschiedlich. Einige Vertreter scheinen sichtlich Spaß am Präsentieren und Posieren zu haben. Bei anderen Gespannen ist der Spaß am Gesehenwerden eher auf den Zweibeiner begrenzt, der Vierbeiner hingegen würde den Tag sicherlich lieber tobend im Freien verbringen. Eine gewisse Nervenstärke muss ein Dackel für eine Ausstellung in jedem Fall mitbringen, damit ihn die Menschen- und Hundeansammlung auf engstem Raum nicht unnötig stressen.

Bitte beachten Sie ...

Kranke Vierbeiner sind von Zuchtschauen ausgeschlossen. Vor der Ausstellung müssen Sie die FCI-Ahnentafel und den Impfpass mit einer gültigen Tollwutimpfung Ihres Hundes vorlegen.

Hunde, die auf Ausstellungen gezeigt werden, müssen unbedingt nervenstark sein. Sie lassen sich nicht so schnell aus der Ruhe bringen.

... im Revier, in Freizeit und Alltag

Dabeisein ist für einen Dackel alles.

Der Dackel als Jagdbegleiter

Der Gesetzgeber fordert für jede Art von Jagd einen brauchbaren Jagdhund. Die Brauchbarkeit muss nachweisbar sein. Der Dackel gilt als der kleinste deutsche Jagdgebrauchshund. Ursprünglich wurde er für die Jagd an Fuchs und Dachs unter der Erde gezüchtet. Kynologisch gesehen gehört er also zu den Erdhunden. Über Jahrhunderte hinweg selektierte man in der Zucht auf eine gute Nase, denn auf sie als einziges Sinnesorgan ist der Teckel im

Ob Kurz-, Rau- oder Langhaar, Normalgröße, Zwerg oder Kaninchen: Teckel sind sehr vielseitig einsetzbare Jagdgebrauchshunde.

Der Dackel hat ein so praktisches Format, dass er nicht nur im Rucksack getragen, sondern auch leicht auf die Kanzel mitgenommen werden kann.

Bau angewiesen. Zudem sind große Ausdauer und Hartnäckigkeit, gut hörbarer und anhaltender Laut beim Raubwildkontakt sowie viel Schneid und Furchtlosigkeit für die Baujagd unerlässlich. Geringe Körpergröße, Zähigkeit und die Fähigkeit, eigene Entscheidungen ohne jegliche fremde Hilfe treffen zu können, sind ebenfalls unverzichtbare Kriterien für einen erfolgreichen Bauhund.

Eine außergewöhnliche Intelligenz, die den Dackel nicht blindlings, sondern stets kontrolliert mutig arbeiten lässt, darf zusätzlich nicht fehlen. All diese, vollkommen auf den Jagdeinsatz ausgerichteten Eigenschaften sind auch heute noch bei einem Großteil aller Rassevertreter zu finden. Den reinen Familiendackel lassen sie deswegen oft in den verschiedensten Situationen als besonders stur, eigensinnig und selbstbewusst erscheinen. Den jagdlich geführten Dackel hingegen prädestinieren diese Wesenszüge nicht nur für die Baujagd, sondern machen ihn generell zu einem sehr vielseitigen Helfer im Revier, der zudem aufgrund seines praktischen Formats gut überall hin mitgenommen werden kann. So ist der kleine Vierbeiner auch leicht im Jagdrucksack zu tragen, wenn beispielsweise die Wegstrecke zu seinem Einsatzgebiet für die kurzen Läufe recht unwegsam ist. Selbst auf den Hochsitz ist eine problemlose Mitnahme des cleveren Zwerges möglich.

Im Revier vielseitig einsetzbar

Neben der Baujagd kommt der Dackel hierzulande in waldreichen Gebieten als Stöberhund für die Jagd auf Fuchs, Hase und Schalenwild zum Einsatz. Die Hunde müssen dabei das Wild aufstöbern, auf die Läufe bringen und

Dachshunde vereinen alle Qualitäten eines guten Stöberhundes in sich.

aus der Dickung treiben. Für diese Arbeit ist selbstständiges Suchen, ein gewisses Maß an Wildschärfe, spurlautes Jagen und absolute Spursicherheit notwendig. Als Stöberhund ist der Dackel sowohl einzeln als auch bei Bewegungsjagden im Zusammenspiel mit mehreren Hunden einsetzbar. Aufgrund seiner Kurzläufigkeit und der dadurch bedingten relativ langsamen, fährtenlauten Verfolgung des Wildes, flüchtet dieses in gemäßigtem Tempo, wobei es des Öfteren verhofft und somit dem Jäger Gelegenheit gibt, es sicher anzusprechen und zu erlegen. Diese Erkenntnis steigert in zunehmendem Maße die Beliebtheit des Teckels als Stöberhund bei der Auswahl der Hunderassen durch die Jagdleiter.

Mit einer entsprechenden Einarbeitung, die bereits im Welpenalter erfolgen muss, kann es außerdem gelingen, den Dackel zum „Kurzjäger" auszubilden. Dies empfiehlt sich, wenn der Hund später bei Bewegungsjagden mit dem Führer durch das Treiben gehen und Wild in der Nähe aufstöbern sowie kurz spurlaut anjagen soll, ehe er dann (nach spätestens einer halben Stunde) wieder zum Rüdemann zurückkommt. Solche Kurzjäger sind dann allerdings nur noch bedingt dafür geeignet, in wildärmeren Gebieten vom Stand aus geschnallt zu werden, da sie mitunter nur in unmittelbarer Nähe des Hundeführers vergeblich nach Wild suchen, ohne großräumige Bögen zu schlagen.

Erfolgreicher Nachsucher

Eines der Haupteinsatzgebiete des Teckels im praktischen Jagdeinsatz ist die Schweißarbeit auf beschossenes oder angefahrenes Wild. Auf Nachsuchen ist der eifrige Jagdhund aufgrund seiner hervorragenden Nasenleistung sehr erfolgreich. Fährtenwille, -sicherheit und -treue zeichnen ihn hierbei aus und machen ihn zu einem absolut zuverlässigen Helfer des Waidmannes. Der Dackel arbeitet stets mit tiefer Nase. Ihm entgeht keine Fährte; eine gründliche und freudige Ausarbeitung derselben ist für ihn selbstverständlich. Er meistert sogar 40 Stunden und länger stehende Fährten problemlos. Hierauf gilt es, den Teckel von Jugend an intensiv einzuarbeiten und ihn später prüfen zu lassen, um ihn auf diese verantwortungsvolle Arbeit vorzubereiten. Durch Nachsuchen mit qualifizierten Gespannen aus Jägern und Teckeln werden dem Wild unnötige Qualen erspart und jährlich Tonnen wertvollen Wildbrets für den Verzehr erhalten. Ansitzjä-

Waidmannsheil! Dieser Dackel kam erfolgreich zum Stück.

Selbst für die Wasserarbeit sind Teckel geeignet.

ger haben ihren Teckel stets bei sich und können nach Überprüfung des Anschusses anhand der Pirschzeichen entscheiden, ob es sich um eine Totsuche handelt oder ob sie einen Spezialisten zur Hilfe rufen. Hierzu zählen der Hannoversche Schweißhund und der Bayerische Gebirgsschweißhund. Beide Rassen haben gegenüber dem Teckel den Vorteil, dass sie aufgrund ihrer Hochläufigkeit in der Lage sind, noch nicht verendetes Wild im Falle einer erforderlichen Hetze zu stellen, sodass es vom nachfolgenden Schweißhundführer durch einen Fangschuss erlöst werden kann. Für die Wasserarbeit taugt der Dackel ebenfalls, denn die meisten Rassevertreter sind richtige Wasserratten. Selbstverständlich bestätigen Ausnahmen die Regel. Die Apportierarbeit ist schon aufgrund der geringen Körpergröße nur eingeschränkt möglich. Einige Hunde haben jedoch eine natürliche Veranlagung hierfür, die sich gut fördern lässt. Somit bringen manche Dackel durchaus geschossene Enten ans Ufer, die man ihnen aber dort gleich abnehmen sollte, da sie steilere Böschungen mit der Ente im Fang nur schwer überwinden können.

Einfühlsame Zusammenarbeit

Alles in allem ist der Dackel ein hoch passionierter, sehr vielseitiger und handlicher Jagdgebrauchshund, der nicht nur einen Hobbywaidmann, sondern auch den Förster und Berufsjäger bei der Arbeit in Wald und Feld unterstützt. Zudem ist der liebenswerte Spitzbub sehr angenehm in der Familie zu halten. Die jagdliche Ausbildung muss von Anfang an einfühlsam und geduldig, aber auch stets konsequent erfolgen. Härte und Zwang sind absolut tabu; sie führen nur zum Vertrauensbruch mit dem Führer und zur gänzlichen Arbeitsverweigerung. Enger Familienanschluss ist für die positive Entwicklung des Hundes unverzichtbar. Eine reine Zwingerhaltung ist für den einzeln gehaltenen Jagdgebrauchshund ungeeignet, denn hier würde der anhängliche Vierbeiner physisch und psychisch verkümmern. Wichtige Grundvoraussetzung für eine optimale Zusammenarbeit zwischen Herr und Hund ist, genügend Zeit miteinander zu verbringen, in der der Dackel mit viel Spaß ausreichend beschäftigt und seinen Neigungen entsprechend gefordert wird. Nur so lässt sich ein optimales Vertrauensverhältnis zu einander schaffen. Auch eine zielgerichtete Prägung bereits im Welpenalter ist für eine erfolgreiche jagdliche Ausbildung des Hundes unerlässlich.

Jagdlich orientierte Zuchten legen bereits großen Wert auf die frühzeitige jagdliche Prägung der Welpen.

Die Rassezuchtvereine bieten diverse jagdpraktische Übungslehrgänge an, damit selbst Rasseneulinge die Jagdeigenschaften des Dackels optimal fördern können. Zudem werden

Baujagd-Ausbildung

Die Ausbildung zur Baujagd erfolgt in speziell angefertigten Kunstbauen, die aus einem oder mehreren Kesseln und einem entsprechenden Gangsystem besteht. Zunächst wird der Dackel langsam an den dunklen Bau und später mithilfe von zahmen Füchsen an die Raubwildwitterung gewöhnt. Ziel ist es, dass der Teckel dem Fuchs von Kessel zu Kessel folgt und ihn kräftig verbellt. Zur Sicherheit von Fuchs und Hund kommen beide Tiere nie direkt zusammen, sondern sind immer durch Gitterschieber von einander getrennt. Der für den Kunstbau, die art- und tierschutzgerechte Fuchshaltung und die Einarbeitung von Dackel und Hundeführer zuständige „Schliefenwart" kann jederzeit von oben eingreifen, da der gesamte Bau mit aufklappbaren Deckeln versehen ist. Auf diese Weise werden die beim Dackel angewölften Anlagen Schneid, Passion und Unerschrockenheit gefestigt und vertieft. Zudem lernt er stets einen gewissen Respekt zum vorhandenen Raubwild zu wahren und nicht blindlings anzugreifen. Zwei Eigenschaften, die später in freier Natur für den Teckel lebenswichtig sind.

Da ein Dackel für die Bauarbeit physisch und psychisch eine gewisse Reife braucht, sollte nicht vor dem 12. Lebensmonat mit der Ausbildung begonnen werden. Voraussetzung für die Einarbeitung und die Prüfung am Kunstbau ist eine bestandene Spurlautprüfung. Am Ende der Ausbildung erfolgt eine Prüfung, die zum Erwerb des Leistungszeichens Bauhund-Fuchs-Kunst (BhFK) führt.

Die Bauarbeit ist nicht ungefährlich; sie erfordert eine verantwortungsvolle Einarbeitung des Hundes.

Prüfungen abgehalten. Grundvoraussetzung für die Teilnahme an jagdlichen Prüfungen ist ein gültiger Jagdschein oder der Nachweis über die laufende Ausbildung zum Jäger. Manche vereinsinterne Seminare stehen auch Nichtjägern offen.

Hobby Hundesport

Damit Ihr Dackel seine positiven Eigenschaften voll und ganz entfalten kann, ist eine angemessene Auslastung sehr wichtig. Eine wei-

Der reine Familiendackel kann gut mit gemäßigtem Hundesport gefordert werden.

Begleithundeprüfung (BH)

Voraussetzung für die Ausübung einiger Sportarten (z. B. Agility, Fährtenhund) ist eine bestandenen Begleithundeprüfung. Das Mindestalter der wedelnden Prüflinge liegt bei 15 Monaten. Der Vierbeiner muss auf dem Hundeplatz verschiedene Unterordnungsübungen absolvieren; außerdem gilt es außerhalb des Platzes einen Verkehrsteil zu bestehen, der das sichere und freundliche Verhalten des Hundes gegenüber anderen Verkehrsteilnehmern und Artgenossen überprüft. Für den Hundeführer gibt es zuvor noch eine theoretische Prüfung.

tere Möglichkeit den intelligenten Vierbeiner neben der Jagd zu fordern ist gemäßigter Hundesport. Hier gibt es inzwischen ganz unterschiedliche Sportarten, die auf vielen Hundeplätzen angeboten werden. Auch im Wettkampfsport soll für alle Beteiligten stets der Spaß im Vordergrund stehen; die intensive Beschäftigung miteinander schweißen Herr und Hund schnell zu einem unzertrennlichen Dream-Team zusammen. Im Folgenden stellen wir Ihnen einige Sportarten vor, die gut für einen Dackel geeignet sind.

Mobility

Mobility eignet sich gut für Menschen und Hunde jeden Alters, aber auch für gehandicapte Vierbeiner, denn die zu absolvierenden Aufgaben werden individuell an die startenden Hunde angepasst. Dabei gilt es Elemente aus dem Agility, aber auch andere Spaßlektionen wie Schaukeln, in einem Bollerwagen fahren oder einen Gegenstand apportieren zu bewältigen. Außerdem können kleine Unterordnungsübungen und Kunststückchen abgefragt werden. Damit der Parcours als bestanden gilt, muss das sechsbeinige Team mindestens

Beim Mobility werden Elemente aus dem Agility mit Spaßlektionen und Gehorsamkeitsübungen zu einem lustigen Wettkampfsport verbunden.

Trickdogging kann ganz schön anstrengend sein, immerhin ist hier viel Kopfarbeit gefragt.

zwölf von siebzehn Stationen fehlerfrei durchlaufen. Anschließend folgt für Herrchen oder Frauchen ein Theorieteil mit zehn Fragen rund um den Hund. Sind acht Antworten richtig, hat auch der Zweibeiner seinen Test bestanden. Bei Mobility stehen grundsätzlich der Spaß und das Teamwork mit dem Hund im Mittelpunkt.

Trickdogging

Immer mehr Hundeschulen bieten Kurse oder Workshops in Trickdogging an. Dabei werden Gehorsamkeitsübungen mit Spaßlektionen verbunden. Die vierbeinigen Schüler lernen kleine Kunststückchen und Spiele, die der Hundeführer auf Spaziergängen oder bei schlechtem Wetter im Haus ganz einfach „abfragen" kann. Hier ist also Kopfarbeit gefragt. Im Mittelpunkt steht immer der Spaß und nicht die perfekte Leistung. Die Palette der Übungen ist groß: winken, verbeugen, „give me five", das schnurlose Telefon bringen oder ein Taschentuch aus der Hose ziehen sind nur einige wenige Beispiele. Da dieses Training individuell auf jeden einzelnen Vierbeiner zugeschnitten werden kann, ist es auch gut für

Hundesport soll Ihrem Dackel Spaß machen. Hat er keine Freude an einer bestimmten Beschäftigung, gehen Sie lieber zu einer anderen über.

Bitte beachten Sie ...

Nicht jeder Hund ist für jede Sportart zu begeistern. Suchen Sie die Beschäftigung mit Ihrem Vierbeiner nach seiner individuellen Vorliebe, seinem Gesundheitszustand und seiner allgemeinen Fitness aus. Nehmen Sie auch Wettkampfsport nicht allzu ernst: Drill und übertriebener Ehrgeiz haben hier nichts zu suchen. Der Spaß soll bei diesem Teamwork immer an erster Stelle stehen. Betrachten Sie Trainer ebenfalls unter diesem Gesichtspunkt: Nehmen Sie Abstand von strengen, autoritären Unterrichtsmethoden. Humorvolle Motivationen sind das A und O einer optimalen Vertrauensbeziehung zwischen Ihnen und Ihrem Hund. Nur so macht Ihrem Vierbeiner die Zusammenarbeit mit Ihnen Spaß und nur so ist sie Erfolg versprechend. Hundesportplätze und -vereine in Ihrer Nähe finden Sie über das Internet. Auch Tierschutzvereine, Tierärzte, Zoogeschäfte oder andere Hundebesitzer in Ihrer Umgebung sind geeignete Ansprechpartner auf der Suche nach einer passenden Trainingsmöglichkeit. Bevor Sie sich endgültig für einen Hundeplatz entscheiden, ist ein mehrmaliges Zuschauen vorab sowie Gespräche mit Trainern und Teilnehmern empfehlenswert. Haben Sie die Möglichkeit, sehen Sie sich am besten gleich mehrere Übungsplätze näher an. Ebenfalls hilfreich für die Entscheidungsfindung ist die Teilnahme an einer Probestunde. Wichtig ist, dass die Kursleiter individuell auf jede Hundepersönlichkeit eingehen.

ältere Dackel, Hunde mit Handicap oder ängstliche Hunde geeignet.

Fährtenarbeit
Bei der Fährtenarbeit lernt ein Hund, einer menschlichen Spur anhand der Bodenverwundung durch die Fußabdrücke in natürlichem Gelände zu folgen. Die Einweisung des Vierbeiners erfolgt am Anfang der Fährte mit dem Kommando „Such“. Der Führer ist mit einer 10-m-Leine mit dem Hund verbunden. Er trägt bei dieser Arbeit ein spezielles Geschirr. Je nach Schwierigkeitsgrad sind in die zu verfolgende Spur spitze und stumpfe Winkel sowie kreuzende Fremdfährten (Verleitungen) eingebaut. Findet der Vierbeiner unterwegs Gegenstände von seinem Herrn, muss er diese beispielsweise durch Ablegen anzeigen (verweisen). Der Führer zeigt dem Richter den Gegenstand und setzt den Hund erneut auf der Fährte an. Am Ende der Spur winkt der wedelnden Supernase eine tolle Belohnung.

Bei der Fährtenarbeit sucht der Hund einen Menschen, bei der Schweißfährte hingegen wird ein verletztes oder verendetes Stück Wild anhand seiner Blutspur gesucht.

Tipp!

Ausdauersportarten, bei denen der Hund länger läuft, sind nur für absolut gesunde, normalgewichtige und nicht zu alte Hunde geeignet. Auch junge Vierbeiner müssen mit Rücksicht auf ihren noch instabilen, weichen Bewegungsapparat geschont werden: Gewöhnen Sie Ihren bellenden Begleiter erst ab einem Alter von etwa 1,5 Jahren langsam an längere Strecken. Wärmen Sie Ihren Hund vor jeder sportlichen Aktivität gut auf, um Schäden am Skelett vorzubeugen.

Sportbegleiter Dackel

Unterwegs mit dem Fahrrad
Dackel sind sehr aktive, ausdauernde Hunde, die sichtlich Spaß daran haben, ihre Leute bei sportlichen Aktivitäten zu begleiten. Auch bei einer Fahrradtour müssen Sie nicht auf ein

Weil Dackel sehr lauffreudig und ausdauernd sind, haben sie viel Spaß daran, ihre Menschen bei sportlichen Aktivitäten zu begleiten.

Keinen Sport mit vollem Bauch

Wegen der Gefahr einer Magendrehung darf ein Hund grundsätzlich vor sportlichen Aktivitäten nichts zu fressen bekommen. Füttern Sie ihn auch nicht unmittelbar danach, sondern erst nach einer ca. 20-minütige Erholungspause: eine große, gierig verschlungene Portion kann zusätzlich Kreislauf belastend sein und schwer im Magen liegen.

Zusammensein mit Ihrem Dackel verzichten, wenn Ihr Vierbeiner in einem speziellen Fahrradkorb oder -anhänger Platz nehmen und die Aussicht genießen darf. Selbstverständlich dürfen zwischendurch auch kleinere Sprints neben dem Fahrrad nicht fehlen. Für radbegeisterte Dackelhalter ist also die Anschaffung eines Hundefahrradkorbes oder -anhängers empfehlenswert.

Keine ausgefeilte Joggingtechnik, aber das stört einen Teckel nicht: Er ist grundsätzlich keinem Sprint abgeneigt.

Viel Spaß am laufenden Band

Joggen, **Walken** und **Nordic Walking** sind nach wie vor die Renner unter den Outdoorsportarten. Wie immer gilt für Mensch und Hund: geteiltes Vergnügen ist doppelte Freude. Vergessen Sie selbst bei gut folgenden Hunden nie, eine Leine für den Notfall mitzunehmen. Leinen Sie jagdbegeisterte Vierbeiner im Wald mit Rücksicht auf Wildtiere an. Damit der Jogger die Hände frei hat, hält der Fachhandel inzwischen spezielle Jogging-Leinen und -Gürtel bereit; in Letzteren wird die Leine einfach eingehängt. Natürlich muss Ihr Dackel so gut erzogen sein, dass er nicht ungestüm an der Leine zieht. Planen Sie eine größere Runde mit Pause, vergessen Sie etwas Wasser für Ihren Vierbeiner nicht. Lassen Sie ihn allerdings nicht zu viel davon trinken, damit er durch das Rennen mit vollem Bauch keine Magendrehung bekommt.

Probier's mal mit Gemütlichkeit

Sind Sie kein Freund von flotten Sportarten, probieren Sie es mal mit einer ruhigeren **Wanderung**. Da jedoch auch hier von Zwei- und Vierbeinern Ausdauer gefragt ist, müssen Sie das Training hier wieder erst langsam aufbauen. Packen Sie für längere Touren neben einer eigenen Brotzeit auch Trinkwasser und, je nach Dauer, eine kleine Futterration sowie einen Napf für Ihren Dackel ein. Vergessen Sie außerdem ein Erste-Hilfe-Notfallset nicht. Längere Bergtouren bedürfen einer grö-

Tipp!

Nehmen Sie als Hundebesitzer Rücksicht auf andere Spaziergänger, Jogger und Radfahrer: Rufen Sie Ihren Vierbeiner ab und lassen Sie ihn kurz bei Fuß gehen, bis Jogger oder Radler vorüber sind. Dies ist zugleich ein gutes Erziehungstraining.

Auf Mehrtageswanderungen darf ein Dackel auch mal vom Rucksack aus die Aussicht genießen.

ßeren Vorbereitung; sicheres Kartenlesen ist dabei schon eine wichtige Grundvoraussetzung. Klären Sie bei Mehrtagestouren unbedingt vorab, ob Ihr Vierbeiner auch in Hütten übernachten darf.

Rund ums Spielen

Warum Spielen so wichtig ist

Alle jungen Tiere spielen gerne, denn Spielen macht Spaß, aber nicht nur das: Im Spiel lernt ein Vierbeiner fürs Leben und zwar sein Leben lang. Schon Welpen lernen spielerisch ihre Umwelt kennen, lernen aus guten und schlechten Erfahrungen. Aber auch die Rangordnung innerhalb des Hunderudels und später innerhalb der Familie wird spielerisch ausgetestet. Das Spiel mit Artgenossen legt für Welpen den Grundstein zu einem normal entwickelten, ausgeglichenen Sozialverhalten. Spielen ist aber nicht nur für junge Hunde wichtig. Im Grunde kann ein Vierbeiner bis ins hohe Alter spielerisch lernen. Erwachsene Hunde testen untereinander ebenfalls immer wieder im Spiel ihre Rangordnung aus.

Tipp!

Erste Hilfe bei Muskelkater: Vorbeugend gleich nach der Anstrengung 1 Tablette Rhus toxicodendron D30 oder im Akutfall 2 x tgl. 1 Tablette. ***Achtung:*** *Suchen Sie bei schweren oder länger anhaltenden Beschwerden unbedingt den Tierarzt auf.*

Sehr selbstbewusste Tiere versuchen oft innerhalb ihrer Familie durch schelmische Tricks ihre Grenzen und ihren Stand in der Familie auszuloten. Lassen Sie sich nicht einwickeln, sonst haben Sie schnell verspielt. Auch veränderte Lebensbedingungen oder unbekannte Gegenstände werden noch von erwachsenen Hunden spielerisch erforscht. Häufiges Spielen schult außerdem das Gehirn des Vierbeiners. So belegen Studien, dass Hunde, die in ihrer Welpenzeit kaum Eindrücke sammeln konnten, ihr Leben lang weniger aufnahmefähig sind als Artgenossen, die zwar von den Erbanlagen her nicht so intelligent sind, dafür aber mehr gefördert wurden. Vierbeiner, denen mehr geboten wird, können sich auch nachweislich besser konzentrieren.

Früh übt sich: Schon die Kleinsten testen untereinander spielerisch ihre Grenzen aus.

Werden Kind und Hund von Anfang an zu einem verantwortungsvollen Umgang miteinander angeleitet, können sie tolle Spielkameraden sein.

Mithilfe einer Futterschleppe können Sie gut die Nasenleistung Ihres Teckels überprüfen.

Junge Hunde erfahren durch ausgelassenes Toben nach Erziehungseinheiten eine tolle Belohnung. Sie dürfen nun ihren, durch die Anspannung des Lernens aufgestauten Energien so richtig freien Lauf lassen und entspannen sich somit wieder. Gehen Sie die Erziehung Ihres Dackels spielerisch an, wirkt dies sehr motivierend auf den Vierbeiner, denn der Spaß kommt dabei nie zu kurz. Außerdem entwickelt sich ein intensives Vertrauensverhältnis zwischen Ihnen und Ihrem Hund. Regelmäßige Spielstunden schweißen Sie und Ihren Teckel zu einem richtigen Dream-Team zusammen. Auf diese Weise bleibt Ihr wedelnder Kamerad auch im Alter lange körperlich und geistig fit. Schüchterne Vertreter gelangen durch einfache Spiele, die Erfolge bringen, zu einem neuen, gestärkten Selbstbewusstsein.

Spielen ist für Hunde jeden Alters also in den unterschiedlichsten Bereichen wie ein Lebenselixier, ohne das sie auf Dauer physisch und psychisch verkümmern würden.

Lustige Hundespiele

Futterschleppe Binden Sie hierfür ein Stück Fleisch oder Pansen an eine Schnur und ziehen Sie damit eine Spur durch den Garten. Bauen Sie dabei auch Kurven oder Schlangenlinien ein. Führen Sie diesen Parcours an markanten Stellen wie beispielsweise Bäumen oder Büschen vorbei, damit Sie die Nasenleistung Ihres Dackels anschließend gut nachvollziehen können. Allerdings darf Ihr Hund diese Vorbereitungen nicht mitverfolgen. Dann zeigen Sie Ihrem Vierbeiner den Anfang der Spur und fordern ihn mit dem Befehl „Such“ auf, ihr zu folgen. Kommt Ihr Dackel von der Fährte ab, schimpfen Sie ihn nicht, sondern setzen Sie ihn erneut darauf an und motivieren Sie ihn mit eigener Begeisterung. Folgt er eifrig der Spur, loben Sie ihn ausgiebig. Ist Ihr Dackel schließlich am Ende der Fährte angekommen, belohnen Sie ihn mit einem Leckerli oder einem Stück Wurst.

Apportierspiele Beherrscht Ihr Dackel das Kommando „Apport“, hat er großen Spaß an Bringspielen. Er wird stolz wie Oskar sein, wenn er Ihnen ab jetzt die Zeitung, einen Pantoffel, Ihre Socken oder einen kleinen Schirm tragen darf. Für die Gartenarbeit bringt Ihnen Ihr wedelnder Gentleman gerne die Gummihandschuhe oder eine kleine Gießkanne. Haben Sie einen besonders kooperativen Dackel daheim, lernt er auch mit Geduld und Einfühlungsvermögen bestimmte Gegenstän-

10 Spielregeln für Sie und Ihren Dackel

Spielen macht Spaß, allerdings nur, wenn sich alle Mitspieler an bestimmte Regeln halten. Im Zusammenspiel mit Ihrem Dackel bleiben Sie jedoch immer der Chef, der auch dafür sorgt, dass Ihr cleverer Vierbeiner nicht still und heimlich Ihre Autorität untergräbt.

- *Sie bestimmen Zeitpunkt und Ort.*
- *Sie sind der Spielzeug-Verwalter.*
- *Kein Tauziehen mit sehr selbstbewussten Rambos.*
- *Nach dem Füttern herrscht Spielverbot (Magendrehung).*
- *Lassen Sie Ihren Hund während des Spiels keine großen Mengen trinken (Magendrehung).*
- *Nicht in der größten Mittagshitze spielen.*
- *Auf ausreichende Ruhephasen achten.*
- *Belohnen Sie nicht nur mit Leckerli, sondern auch mit Stimme, Streicheln und Spielzeug.*
- *Sie legen das Spielende fest.*
- *Hören Sie auf, wenn's am Schönsten ist!*

de auseinanderzuhalten und auf Befehl zu apportieren.

Wasserspiele Apportierfreudige Wasserratten holen begeistert Spielzeug aus dem Wasser. Hierfür gibt es im Fachhandel inzwischen spezielles, schwimmendes Neoprenspielzeug. Schwerere Bälle aus Vollgummi eignen sich für Hunde, die gerne im flacheren Uferbereich tauchen. Ein verlockendes Leckerli lädt ebenfalls zu einem kurzen Tauchgang ein. Haben Sie kein Naturgewässer in der Nähe, kann auch eine Plastikwanne oder ein Kinderplanschbecken für kleine Tauch- und Planschabenteuer herhalten. Sichern Sie den rutschigen Boden jedoch mit einer Duschwanneneinlage ab.

Viele Dackel apportieren gerne leichte Bringsel aus dem Wasser.

Werfen Sie Ihrem wedelnden Begleiter im flachen Wasser einen weichen oder aufblasbaren Ball zu, den er dann wieder zu Ihnen zurückstupsen soll. Ist das Wasser tiefer müssen Sie beide schwimmend agieren.

Für Supernasen Dackel sind wahre Supernasen, die sich für Schnüffelspiele absolut begeistern. Verstecken Sie Ihrem Vierbeiner doch mal ein Stück Pansen in einer speziellen Schnüffelbox. Wickeln Sie hierfür den Pansen in zerknülltes Zeitungspapier; dieses geben Sie nun samt duftendem Inhalt locker in eine Pappschachtel, deren Deckel bereits mit einigen Duftlöchern versehen ist. Jetzt heißt es für Ihren

Wichtige Auflockerung

Weil das Erlernen von Kunststückchen eine sehr hohe Konzentration vom Hund verlangt, sollten Sie immer nur in kurzen Sequenzen üben. Schließen Sie stets mit einem Erfolgserlebnis ab und lockern Sie die einzelnen Lernschritte durch Pausen auf. Auch ein zwischenzeitliches Toben im Garten macht den Kopf wieder frei für die Aufnahme neuer „Befehle".

Hund: „Auf die Plätze, fertig, los!" Feuern Sie ihn mit dem Kommando „Such" und Begeisterung an, sein Leckerli zu finden. Selbstverständlich dürfen dabei auch die Fetzen fliegen. Fortgeschrittene Vierbeiner können nach bestimmten Gegenständen suchen, die nach Ihnen riechen wie beispielsweise Geldbeutel, Handschuh oder Schlüsselbund. Nehmen Sie auf einem Spaziergang unbemerkt vom Hund einen Tannenzapfen auf, reiben Sie ihn in Ihren Händen, werfen Sie ihn wieder weg und schicken Sie Ihre Supernase auf Streife. Loben sie ihn, wenn er die richtige Richtung einschlägt. Hat er den Zapfen gefunden und nimmt er ihn auf, loben Sie ihn ausgiebig. Am Ende winkt natürlich ein Leckerli. Eine Abwandlung des Spiels besteht darin, dass Ihr Dackel aus einem ganzen Haufen von Tannenzapfen, den herausfinden soll den Sie vorher in der Hand hatten.

Wo haben sich Frauchen und Herrchen wohl versteckt?

Kurzweiliges Verstecken Lustig geht es bei Versteckspielen zu. So können Sie sich entweder im Garten unsichtbar machen und Ihren Vierbeiner nur mit einem Pfiff anlocken oder auf Spaziergängen einfach hinter einem Baum oder Busch zurückbleiben. Solche Spiele festigen Ihre Bindung zueinander und schweißen Sie noch enger zusammen.

Mit ihrem guten Riecher sind Dackel für Nasenspiele jeglicher Art zu begeistern.

Aus einem verknoteten Stück Stoff lässt sich ganz leicht ein lustiges Schleuderspielzeug herstellen.

Gefährliches Hundespielzeug!

- *Gefährlich für Hunde ist Kinderspielzeug wie Bausteine oder Stofftiere mit Glasaugen oder Knöpfen, die schnell abgerissen und gefressen sind.*
- *Alle spitzen und scharfkantigen Gegenstände sind als Hundespielzeug absolut ungeeignet; dies gilt auch für Spielzeug, in dem spitze Teile wie Nägel oder Drähte eingearbeitet sind.*
- *Ebenfalls absolut tabu sind Schnüre, dünne Nylonstrümpfe, Plastikbecher oder Luftballons.*
- *Verboten sind Äste von giftigen Sträuchern sowie lackierte Dinge.*
- *Zu schweren Verletzungen können Materialien führen, die leicht splittern oder zerbrechen, wie bestimmte Holzarten, Glas, Keramik oder manche Kunststoffteile.*

Bei all diesen Dingen drohen dem Hund nicht nur schwere Verletzungen im Maul, sondern auch im Magen-Darm-Trakt. Im schlimmsten Fall kann Ihr Vierbeiner ersticken oder einen Darmverschluss bekommen.

Kann Ihr Hund verschiedene Gegenstände unterscheiden, verstecken Sie sein Spielzeug und lassen Sie ihn danach suchen.

Selbst gemachtes Hundespielzeug

Leicht lässt sich ein Jute- oder Lederspielzeug selber herstellen: Nehmen Sie hierfür einen alten Jutesack, füllen sie ihn mit etwas Holzwolle und binden Sie ihn mit einem Baumwollstrick fest zu. Lederreste ergeben zusammengenäht und ausgestopft ebenfalls ein interessantes Apportel. Ein abgetrenntes Jeansbein, ein ausrangiertes T-Shirt, ein ausgedienter Strumpf oder ein altes Handtuch sind, allesamt mit einem großen Knoten versehen, lustige Schleuderspielzeuge. Leere Pizzakartons ergeben lustige Frisbee®-Scheiben für den Hausgebrauch. Anschließend darf Ihr Dackel diese Flugobjekte nach Herzenslust zerfetzen.

Spitze, splitternde und scharfkantige Gegenstände können Ihrem Teckel sehr gefährlich werden und sind daher als Spielzeug ungeeignet.

Erste-Hilfe-Tipp!

Hat Ihr Hund doch einmal aus Versehen ein gefährliches spitzes oder scharfes Teil gefressen, füttern Sie als Erste-Hilfe-Maßnahme sofort rohes Sauerkraut; dies wickelt sich im Verdauungstrakt um den Gegenstand, sodass dieser, meist ohne weitere Schäden anzurichten, wieder ausgeschieden wird. Kontaktieren Sie zur Sicherheit aber trotzdem auch ihren Tierarzt.

Kamerad im Alltag

Ein wohlerzogener Dackel ist im Alltag ein toller Begleiter. Bestimmt freuen sich Ihre Freunde nicht nur über Ihren Besuch, sondern auch

über Ihren vierbeinigen Gute-Laune-Bringer. Der gemeinsame Gang in ein Restaurant sowie das brave unter dem Tisch Liegen versteht sich für einen vierbeinigen Gentleman von selbst. Mit einem vorbildlichen Hund sind Sie ein gern gesehener Gast, der fast schon negativ auffällt, wenn er einmal ohne seinen haarigen Begleiter kommt. Die mittägliche Einkehr wird Ihrem Dackel versüßt, wenn er genüsslich ein wohlverdientes Schweineohr kauen darf. Ein anschließender Verdauungsspaziergang tut nicht nur Ihnen, sondern auch Ihrem Vierbeiner gut. Ein gut erzogener Hund kann Sie außerdem zum Einkaufen begleiten. Gerne trägt Ihnen ein eifriger Apporteur beispielsweise eine gekaufte Zeitung nach Hause. Auf diese Weise haben nicht nur Sie, sondern auch Ihr Dackel Spaß am gemeinsamen Shoppen.
Etliche Hunde sind wahre Autofetischisten, die einfach nur gerne mitfahren. Achten Sie hier unbedingt auf die ausreichende Sicherung Ihres Vierbeiners, ansonsten kann es im Falle eines Unfalls nicht nur gefährlich, sondern auch teuer werden, denn Tiere gelten im Auto rechtlich gesehen als Ladung. Sicherungssysteme gibt es inzwischen viele, doch leider sind nicht alle wirklich empfehlenswert. Achten Sie bei der Auswahl am besten auf vorliegende Ergebnisse von Crashtests oder DIN-Prüfungen. Auch der ADAC hat eine Liste mit Vor- und Nachteilen unterschiedlicher Sicherungseinrichtungen wie Spezialsicherheitsgurte, Trenngitter, Transportboxen & Co. herausgegeben.
Natürlich kann Sie Ihr Dackel bei vielen weiteren Aktivitäten begleiten: zum Beispiel bei einem Ausflug an einen Badesee oder im Winter zum Langlaufen. Vielleicht haben Sie auch einen hundefreundlichen Chef, der sich über einen vierbeinigen Mitarbeiter mit Aufgabenschwerpunkt „Verbesserung des Betriebsklimas" freut. Wichtig ist bei allem, dass Sie Ihren Hund ganz behutsam an die jeweils neue Situation heranführen. Sparen Sie dabei nie mit Lob. Trauen Sie ihm andererseits aber auch außerhalb Ihrer vier Wände ruhig ein ordentliches Auftreten zu. Nur Mut!

Lassen Sie Ihren Dachshund an möglichst vielen Ihrer Freizeitaktivitäten teilhaben, auch an einem gemütlichen Picknick.

Ihr Dackel begleitet Sie auch gerne mal zum Einkaufen. Ein längerer Stadtbummel in einer überfüllten Fußgängerzone ist allerdings nicht wirklich hundefreundlich.

Hundesitter und -tagesstätten

Sicherlich können Sie Ihren Dackel nicht immer überallhin mitnehmen. Wenn Sie länger als fünf Stunden abwesend sind, sollten Sie Ihren Vierbeiner bei einem Hundesitter unterbringen. Idealerweise finden Sie jemanden im Freundes- oder Verwandtenkreis, der Ihren Dackel liebt und bei dem sich auch Ihr Hund wohlfühlt. Ist dieser Fall für Sie unrealistisch, fragen Sie andere Hundebesitzer, die Sie täglich beim Spaziergang treffen. Vielleicht kennt jemand eine hundebegeisterte Person, die selbst keinen Vierbeiner halten kann, aber hoch erfreut über gelegentlichen Hundebesuch ist. Häufig sind Tiersitter auch Tierärzten, Tierschutzvereinen, Hundeschulen, Zoofachhändlern oder Ihrem Züchter bekannt. Empfehlenswert ist ebenfalls der Blick in die Kleinanzeigen Ihrer Tageszeitung oder ins Internet.

Möchten Sie Ihren Dackel lieber von einem Profi betreuen lassen, wenden Sie sich an eine Hundetagesstätte; hier sind meist mehrere Vierbeiner gleichzeitig „geparkt". Für gut sozialisierte Hunde ist dieser Aufenthalt ein großer Spaß, da sie hier viel Kontakt mit Artgenossen bekommen. Sensiblere Vertreter fühlen sich eventuell bei einem privaten Betreuer wohler, denn er kümmert sich ganz individuell ausschließlich nur um ihn. Tagesstätten sind häufig Hundepensionen oder -hotels angegliedert. Der Aufenthalt hier ist in der Regel teurer als bei einer privaten Stelle. Andererseits können Sie in professionellen Betrieben oftmals Extras buchen wie Erziehungstraining, Tierarztbesuche oder Wellnessprogramme. Nehmen Sie sich auf alle Fälle viel Zeit für die Suche und Auswahl eines geeigneten Hundesitters. Sehen Sie sich vor Ort genau um und beobachten Sie gut wie Mensch und Hund miteinander umgehen und aufeinander reagieren. Nur wenn ein optimales Vertrauensverhältnis gegeben ist, werden sich beide Seiten wohlfühlen. Und nur dann können Sie beruhigt auch mal ohne Ihren Dackel unterwegs sein. Wichtig ist außerdem, den Vierbeiner möglichst frühzeitig an die Unterbringung bei anderen Personen zu gewöhnen, dann fällt ihm später die vorübergehende Trennung von Ihnen nicht so schwer.

Liebt Ihr Dackel das Zusammensein mit Artgenossen, fühlt er sich bei einem Hundesitter wohl, der selbst auch einen Vierbeiner hat.

... im Urlaub

Längere Zeit mit der Familie rund um die Uhr zusammen sein – das ist der Traum eines jeden Dackels.

Mit dem Dackel auf Reisen

Für einen Dackel ist Dabeisein alles, daher gibt es für ihn auch nichts Schöneres als Sie im Urlaub zu begleiten. Ein sicherer Garant für eine erholsame Reise ist in erster Linie eine gute Organisation im Vorfeld. Möchten Sie ins Ausland fahren, sprechen Sie unbedingt vor Ihren Ferien mit Ihrem Tierarzt; er wird Sie beraten und aufklären und Ihnen alle erforderlichen Medikamente mitgeben. Vergessen Sie nicht, den auf dem Mikrochip des Hundes enthaltenen Code spätestens vor einer geplanten Reise bei einem Tierregister (siehe Seite 125 „Hilfreiche Adressen") eintragen zu lassen, damit Ihr Vierbeiner im Falle eines Verschwindens schneller wiedergefunden werden kann. Besorgen Sie rechtzeitig alle Grenzpapiere, fehlendes Reisezubehör und Hundefutter.

Haben Sie einen hundefreundlichen Urlaubsort gefunden, geht es an die Suche einer geeigneten Unterkunft. Wollen Sie ein All-Inclusive-Paket buchen, sind Sie mit einem tierfreundlichen Hotel gut beraten. Inzwischen gibt es sogar richtige Hundehotels, in denen sich Herr und Hund gleichermaßen verwöhnen lassen können. Außerdem werden Hotels mit angegliederter Hundeschule immer beliebter. Gerade Singles treffen hier viele Gleichgesinnte und knüpfen schnell Kontakte.

Lieben Sie es dagegen ruhiger, sind Sie gern flexibel und können gut auf Luxus verzichten, empfiehlt sich ein Ferienhaus oder -wohnung. Hier sind Sie Ihr eigener Herr und haben für sich und Ihren Dackel viel Platz. Urige Camping- und Hüttenaufenthalte sowie Trekkingtouren mit Hund stellen für abenteuerlustige Outdoorfreaks eine reizvolle Alternative zum herkömmlichen Urlaub dar. Erkundigen Sie sich aber unbedingt vorab, ob Ihr Vierbeiner auch wirklich willkommen ist. Über das Internet oder das Tourismusbüro Ihres ausgewähl-

Internet-Tipp

Unter **www.partner-hund.de** *finden Sie die Einreisebestimmungen für Reisen mit Hund ins Ausland; auch etliche Gesetze, die im Reiseland gelten, sind aufgeführt sowie diverse Inlandsbestimmungen, hundefreundliche Ferienquartiere, Reiseangebote, Checklisten, Zubehör und Bezugsquellen.*

Legen Sie bei längeren Autofahrten ausreichend Pausen ein, in denen Sie und Ihr Dackel sich mal die Füße vertreten können.

Ein kleines Ferienhaus ist praktisch, wenn man mit mehreren Hunden in den Urlaub fährt.

ten Ferienortes bekommen Sie entsprechende Adressen und Informationen.

Fahrplan für Vierbeiner

Die Wahl des passenden Verkehrsmittels gehört ebenfalls zu einer guten Urlaubsorganisation. Je nach Land und gewähltem Verkehrsmittel gibt es für die Mitnahme eines Hundes einiges zu beachten, schließlich soll schon die Anreise für alle Beteiligten stressfrei und entspannend sein. Am beliebtesten ist sicherlich die Fahrt mit dem Auto. Ihr Dackel benötigt hier unbedingt einen eigenen Platz, an dem er vorschriftsmäßig gesichert ist. Achten Sie außerdem auf ausreichend Kühlung sowie Frischluft und Wasser. Vermeiden Sie jedoch Zugluft, denn die kann zu schweren Augenentzündungen und Erkältungen führen. Regelmäßige Gassi- und Trinkpausen sind ein Muss; halten Sie dafür immer Wasserflasche und -napf griffbereit. Füttern Sie Ihren Hund zuletzt maximal vier Stunden vor Reiseantritt, ansonsten liegt ihm sein Futter unterwegs schwer im Magen. Führt Ihre Strecke über Bergstraßen, bieten Sie Ihrem Vierbeiner bei häufigem Gähnen oder Hecheln ein paar Leckerli oder einen Kauknochen an, damit sich der unangenehme Druck

Tipp!

Wenn Sie selbst eine kurze Pause benötigen, lassen Sie Ihren Hund an heißen Tagen nie im Auto zurück. Auch geöffnete Fenster verhindern nicht die enorme Aufheizung des Autos, das für den Vierbeiner schnell zur quälenden und tödlichen Falle werden kann.

Werden Teckel in der Bahn in einer Transporttasche untergebracht, fahren sie kostenlos mit.

Das gehört ins Hundegepäck

- ✓ Leine und Halsband bzw. Geschirr
- ✓ Adressen-Schild fürs Halsband mit Urlaubsadresse und dem Reisezeitraum sowie der Heimatadresse
- ✓ Eventuell Maulkorb
- ✓ Eventuell Transportbox
- ✓ Körbchen, Decke und Handtücher
- ✓ Spielzeug
- ✓ Frisches Trinkwasser und Näpfe
- ✓ Futter, Leckerli und Kauknochen
- ✓ Dosenöffner
- ✓ Bürste/Striegel/Gumminoppenhandschuh/Kamm
- ✓ Kottütchen
- ✓ Sonnenschutz
- ✓ Reiseapotheke
- ✓ EU-Heimtierausweis/Grenzpapiere
- ✓ Versicherungsnummer und Nummer der Telefonhotline bzw. Anschrift der Haftpflichtversicherung

auf den Ohren löst. Planen Sie auf jeden Fall genug Zeit für die Anreise ein, eventuell sogar mit Zwischenübernachtungen. Die besten Reisezeiten sind morgens und abends, eventuell sogar nachts. Versuchen Sie, Staugebiete zu umfahren. Kommen Sie trotzdem in einen Stau, verlassen Sie bei nächster Gelegenheit lieber die Autobahn für einen Spaziergang, bis sich der Stau wieder aufgelöst hat.

Weitere interessante Hinweise zum Thema „Urlaub mit Hund“ finden Sie unter **www.ferien-mit-hund.de**.

Tipp!

In Österreich und der Schweiz gelten für die Beförderung von Hunden ähnliche Bestimmungen wie in Deutschland. Nähere Informationen erhalten Sie bei der Österreichischen Bundesbahn (ÖBB) unter **www.oebb.at** *bzw. der Schweizer Bundesbahn (SBB) unter* **www.sbb.ch**.

Mit der Bahn unterwegs

Für die Fahrt in einem öffentlichen Verkehrsmittel ist ein guter Benimm Ihres Dackels eine selbstverständliche Grundvoraussetzung. Auch eine gewisse Nervenstärke ist von Nöten, denn nicht nur auf dem Bahnsteig, sondern auch im Zug selber muss Ihr vierbeiniger Begleiter häufig mit Menschenmengen und großer Enge fertig werden. Unternehmen Sie vor der Abreise noch einen langen Spaziergang,

Die meisten Dachshunde sind zwar wahre Wasserratten, ein Urlaub mit Hund auf hoher See ist jedoch nicht unbedingt empfehlenswert.

damit Ihr Hund nicht nach einiger Zeit im Zug unruhig wird. Längere Aufenthalte sind für kleine Pinkelpausen nützlich. Stecken Sie für den Notfall ein Kottütchen ein. Lassen Sie Ihren Dackel nie auf dem Bahnsteig frei laufen: Leicht könnte er durch das Treiben dort in Panik geraten und entwischen. In der Bahn ist ebenfalls Leinenzwang angesagt. Hunde in der Größe eines Dackels, die auch noch in einer Transporttasche oder -box Platz haben, fahren kostenlos. Weitere Infos finden Sie im Internet unter www.bahn.de.

Tun Sie Ihrem Dackel nur im Notfall eine Reise mit dem Flugzeug an, denn Fliegen bedeutet großen Stress für ihn.

Unterwegs in Bus und Taxi

In vielen Städten gibt es spezielle Tiertaxis. Aber auch in normalen Taxis dürfen Hunde mitfahren. Erwähnen Sie aber bereits bei der Bestellung, dass Sie ein Vierbeiner begleitet. Busfahren ist in manchen Städten für Hunde kostenlos, in anderen gilt der halbe Fahrpreis. Fragen Sie entweder gleich vor Ort den Fahrer oder erkundigen Sie sich vorab beim örtlichen Fremdenverkehrsbüro.

„Eine Seefahrt, die ist lustig ..."

Fährüberfahrten mit einer Dauer von ein bis drei Stunden stellen für Hundebesitzer meist kein Problem dar, weil der Vierbeiner in der Regel mit an Deck darf. Allerdings kann dies auch von Land zu Land verschieden sein, erkundigen Sie sich also lieber vorab bei Ihrem Reiseveranstalter. Bei längeren Strecken sind Hunde häufig wegen fehlender Unterbringungsmöglichkeiten nicht zugelassen. Manche Fähren bieten inzwischen schon spezielle Hundekabinen an. Grundsätzlich gilt auf Schiffen Leinenzwang, manchmal sogar Maulkorbpflicht. Vergessen Sie nicht Ihre Hundegrundausstattung wie Napf, Wasser, eventuell etwas Futter, eine Decke sowie den Impfpass und je nach Einreiseformalität ein Gesundheitszeugnis. Kreuzfahrten sind für Hunde tabu. Einzige Ausnahme: die „Queen Elisabeth II", sie hat ein eigenes Hundedeck.

Vergessen Sie nicht, ein Adressen-Schild mit Ihrer Urlaubsadresse, dem Reisezeitraum sowie Ihrer Heimatadresse am Halsband Ihres Dackels zu befestigen.

Flugreisen mit Hund

Nur kleine Hunde bis zu einem Gewicht von 5 kg dürfen bei den meisten Fluggesellschaften im Passagierraum mitfliegen. Informieren Sie sich aber unbedingt vor der Flugbuchung über die Mitnahmebedingungen. Auch Blinden-

Die Reiseapotheke für Ihren Hund sollte enthalten

- Eventuell benötigte Dauermedikamente
- Mittel gegen Durchfall
- Wundspray/Desinfektionsmittel
- Augen- und Ohrentropfen
- Floh- und Zeckenmittel
- Zeckenzange
- Schere
- Fieberthermometer
- Gaze, Verbandsmaterial
- Pfotenschutzschuh
- Rescue-Tropfen von Bach

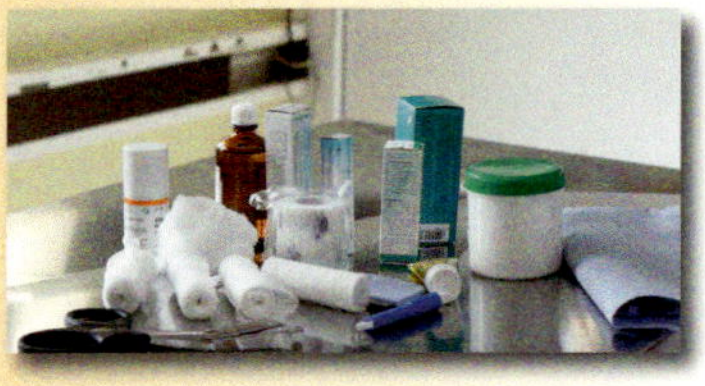

Erkundigen Sie sich, ob eventuell Ihr Dackelzüchter seinen ehemaligen Nachwuchs während Ihres Urlaubs in Pflege nimmt.

und Behindertenbegleithunde können unabhängig von ihrer Größe bei ihrem Führer bleiben. Vierbeiner von der Größe eines Normalschlag-Dackels müssen in einer Transportbox im Gepäckraum untergebracht werden. Sprechen Sie vor einem Flug mit Ihrem Tierarzt und lassen Sie sich auf jeden Fall ein Beruhigungsmittel für Ihren Vierbeiner mitgeben, denn eine Flugreise bedeutet großen Stress für den Hund. Weitere Informationen zum Thema bekommen Sie unter www.flughund.de.

Der Dackel in der Pflegestelle

In ein besonders weit entferntes oder heißes Urlaubsziel nehmen Sie Ihren Dackel besser nicht mit; bringen Sie ihn in einem solchen Fall lieber zu Hause optimal unter. Auch diese Ferienvariante muss gut vorbereitet werden. So gilt es zunächst einen zuverlässigen, lieben Hundesitter oder eine kompetente Tierpension zu finden. Im Idealfall kann Ihr Dackel bei Verwandten oder Freunden einquartiert wer-

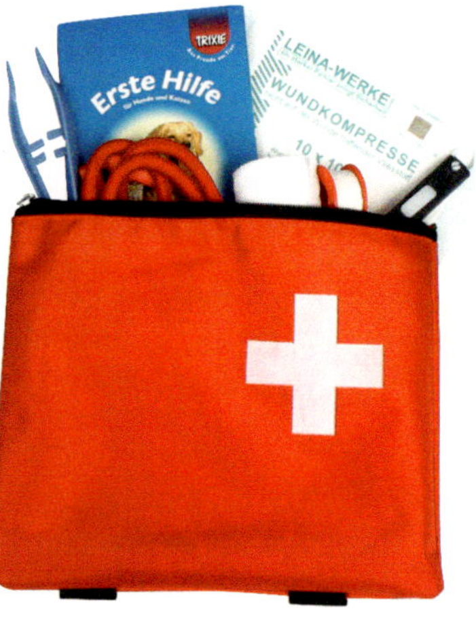

Lassen Sie sich von Ihrem Tierarzt eine Reiseapotheke für Ihren Hund zusammenstellen.

den. Häufig nimmt der Züchter seinen ehemaligen Nachwuchs gern in Pflege. Vielleicht kennt er aber auch jemanden, bei dem Ihr haariger Kamerad während Ihres Urlaubs gut aufgehoben ist.
Professionelle Hundepensionen finden Sie über das Internet, das Branchenverzeichnis, Ihren Tierarzt, Tierschutzvereine, Zoofachgeschäfte, Hundevereine, den Kleinanzeigenteil Ihrer Tageszeitung oder Tierzeitschriften. Auch andere Hundebesitzer, die Ihren Vierbeiner ebenfalls schon in einer Pension untergebracht haben, können Ihnen entsprechende Tipps geben. Sogar Tierheime nehmen vorübergehende Pfleglinge auf. Die Bezahlung ist hier für einen guten Zweck, denn das Geld kommt gleichzeitig dem Tierschutz zugute. Nehmen Sie sich unbedingt Zeit für die Auswahl eines geeigneten Pflegeplatzes. Sehen Sie sich vor Ort genau um, sprechen Sie ausführlich mit der zuständigen Person und vereinbaren Sie vorab am besten mehrere Treffen, damit Ihr Dackel und der vorübergehende Betreuer sich schon etwas kennenlernen. Beobachten Sie das Verhalten Ihres Vierbeiners: Fühlt er sich wohl in der neuen Umgebung? Hat er Vertrauen zu seinem möglichen Pfleger? Nehmen Sie Abstand von Hundepensionen, die nur auf Ihr Geld, nicht aber auf das Wohl Ihres Hundes aus sind. Zahlen Sie andererseits lieber mehr, wenn Ihnen der Pflegeplatz optimal erscheint. Haben Sie einen vertrauenswürdigen Hundesitter gefunden, schließen Sie mit ihm einen Vertrag ab. Sprechen Sie eventuelle Vorlieben, Abneigungen und Eigenheiten Ihres Dackels an. Informieren Sie ihn außerdem über die gewohnten Fütterungs- und Gassigehzeiten. Gehorcht Ihr Vierbeiner nicht absolut zuverlässig, bitten Sie den Pfleger, Ihren Hund beim Spaziergang nicht abzuleinen. Alle wichtigen Informationen halten Sie für den Sitter am besten schriftlich fest. Geben Sie Ihren Dackel nicht erst am letzten Tag vor Ihrer Reise in der Betreuungsstelle ab, damit eventuelle Schwierigkeiten noch vor Ihrer Abfahrt geklärt werden können.

Ihr Dackel sollte auf Spaziergängen mit einem Hundesitter nicht frei laufen dürfen, wenn er nicht zuverlässig gehorcht.

Für die Pflegefamilie muss zusätzlich ins Hundegepäck

- ✓ Eventuell nötige Medikamente
- ✓ Ihre Urlaubsadresse bzw. Handynummer für Notfälle
- ✓ Telefonnummer Ihres Tierarztes
- ✓ Liste mit Vorlieben, Abneigungen und Eigenheiten Ihres Hundes

Vorsorge

Vorsorgende Maßnahmen können mit zu einem langen und gesunden Hundeleben beitragen.

Von Frühjahr bis Herbst sollten Sie Ihren Dackel täglich nach Zecken absuchen, da diese Krankheiten wie etwa Borreliose übertragen können.

Zusätzlich zu einer optimalen Pflege, Ernährung und Auslastung gibt es weitere vorsorgende Maßnahmen, die zu einem langen, gesunden Hundeleben beitragen. Hierzu gehören natürlich regelmäßige Entwurmungen und Impfungen (siehe Kasten Seite 106). Außerdem ist ein hygienisches Umfeld wichtig: Achten Sie stets auf einen sauberen Futterplatz und gereinigte Näpfe. Waschen Sie auch das Hundebett öfters in der Maschine, damit Parasiten wie Milben oder Flöhe keine Überlebenschance haben. Suchen Sie Ihren Dackel zudem von Frühjahr bis Herbst täglich nach Zecken ab, denn diese könnten Ihren Hund beispielsweise mit Borreliose infizieren. Vor starkem Befall schützen spezielle Präparate vom Tierarzt.

Eine bewährte Prophylaxe gegen Krankheitsanfälligkeit ist viel Bewegung an der frischen Luft bei jedem Wetter, denn auf diese Weise härten Sie Ihren Vierbeiner ab.

Manchen gesundheitlichen Schwachstellen Ihres Hundes können Sie gut mit Alternativmedizin begegnen und dadurch Erkrankungen vorbeugen. Hier leistet beispielsweise die Homöopathie hervorragende Dienste. So unterstützt Echinacea wirkungsvoll ein geschwächtes Immunsystem. Das Anfangsmittel bei einer beginnenden Erkältung ist Aconitum. Gelsemium oder Euphorbium können bei bereits bestehendem Schnupfen und Belladonna bei

Entwurmung

Führen Sie viermal im Jahr eine Wurmkur bei Ihrem Vierbeiner durch, um ihn vor Darmparasiten wie Band-, Rund-, Haken- und Peitschenwürmern zu schützen, mit denen er sich überall in freier Natur durch tote Wildtiere oder deren Kot infizieren kann. Achten Sie dabei auf wechselnde Präparate, da die Parasiten Resistenzen bilden können. Möchten Sie Ihren Hund nicht routinemäßig entwurmen, sollten Sie wenigstens alle drei Monate eine Kotprobe von Ihrem Tierarzt auf Würmer untersuchen lassen, damit Sie im Falle einer Infektion schnell handeln können, schließlich ist eine Übertragung auf Menschen ebenfalls möglich.

Bevor Sie Ihren Hund routinemäßig entwurmen, lassen Sie eine Kotprobe untersuchen, um zu sehen, ob eine Wurmkur überhaupt nötig ist.

Husten helfen. Zur Verbesserung des Allgemeinbefindens wird China oder Mucosa verabreicht. Weitere wirksame Rezepte hält die Kräutermedizin parat. So tun Salbei-Tee und -Honig Ihrem Hund bei Husten gut. Auch Löwenzahn- und Spitzwegerich-Honig sind empfehlenswert. Geben Sie in der Akutphase mehrmals täglich einen Teelöffel. Anfällige, alte oder geschwächte Tiere bekommen durch Zufütterung von Vitamin-C-reichem Hagebutten- oder Holunderbeerenmus neuen Schwung. Zur allgemeinen Stärkung ist Rosmarin sehr gut geeignet. Brennnessel und Löwenzahn kurbeln den Stoffwechsel an und sorgen auf diese Weise für eine bessere Fitness.

Reiben Sie rissige Ballen mit Kamillen- oder Ringelblumensalbe ein, damit sie sich nicht entzünden. Ebenso bewährt haben sich Johanniskraut- und Lavendelöl.

Impfungen

Damit Ihr Vierbeiner vor einigen sehr gefährlichen Infektionskrankheiten geschützt ist, sind Impfungen wichtig, die bis zur Abgabe des Welpen beim Züchter durchgeführt werden müssen. Für alle weiteren Impfungen sind Sie als neues Herrchen oder Frauchen des kleinen Knirpses verantwortlich. Zwar kann auch ein geimpfter Hund noch an den diversen Erregern erkranken, der Krankheitsverlauf selbst ist dann aber nur leicht, schließlich hatte das Immunsystem durch die Impfung vorab schon die Möglichkeit, sich durch die Bildung von entsprechenden Antikörpern auf die Erregerbekämpfung vorzubereiten.

Folgendes Impfschema ist angeraten:

6. bis 8. Woche *Parvovirose und Staupe*

8. Woche *Hepatitis c.c., Leptospirose und Zwingerhusten*

10. bis 12. Woche *Auffrischung Parvovirose und Staupe*

12. Woche *Auffrischung Hepatitis c.c., Leptospirose und Zwingerhusten*

ab 12. Woche *Tollwut*

Das vom VDH und Tierärzten empfohlene Impfschema empfiehlt **mit 16 Wochen eine weitere Impfung:** *Parvovirose, Staupe, Hepatitis, Leptospirose, Zwingerhusten, Tollwut*

alle ein bis drei Jahre eine Auffrischungsimpfung *Parvovirose, Staupe, Hepatitis c.c., Leptospirose, Zwingerhusten, Tollwut*

Regelmäßige Impfungen schützen Ihren Dackel vor sehr gefährlichen Infektionskrankheiten.

Viel Bewegung an der frischen Luft und bei jedem Wetter tut gut – es stärkt auch das Immunsystem.

Behandeln Sie eine durch Schneefressen verursachte Magenreizung mit Kamillen-Tee; er wirkt entzündungshemmend und beruhigt die Schleimhaut. Legen Sie bei Bauchschmerzen warme, entspannende Kamillen-Umschläge auf den Hundebauch.

Natürlich gehört auch ein hundesicheres Zuhause zu einer umfassenden Gesundheitsvorsorge. So ist der beste Schutz vor Unfällen die Vermeidung gefährlicher Situationen. Was Sie dabei in Ihrer Wohnung und Ihrem Garten alles beachten müssen, lesen Sie auf Seite 40 „Welpensicheres Zuhause“. Wenn Ihr Dackel nicht zuverlässig folgt, leinen Sie ihn in unsicherem Gelände nie ab: zu schnell kommt es zu einer Katastrophe. Ein wirkungsvoller Schutz vor Vergiftungen ist, Ihrem Hund schon frühzeitig beizubringen, nur auf Befehl hin zu fressen. So nimmt er auch unterwegs nichts Unerlaubtes und eventuell Gefährliches auf.

Physiologische Daten eines Dackels

Körpertemperatur 38 bis 39 °C (bei Welpen bis zu 39,3 °C)

Atemfrequenz 30 bis 50 Züge pro Minute

Pulsfrequenz 90 bis 120 pro Minute

Schleimhaut: rosa, feucht, glatt und glänzend, ohne Auflagerungen

Bei Stress und/oder körperlicher Belastung steigen diese Werte an.

Die Hausapotheke für Ihren Hund

- Eventuell nötige Dauermedikamente
- Mittel gegen Reisekrankheit/ Beruhigungsmittel
- Mittel gegen Durchfall
- Wundspray/Desinfektionsmittel
- Augen- und Ohrentropfen
- Floh- und Zeckenmittel
- Zeckenzange
- Wurmkur
- Schere
- Fieberthermometer
- Gaze, Verbandsmaterial
- Pfotenschutzschuh
- Vaseline gegen rissige Ballen
- Eventuell Maulkorb
- Rescue-Tropfen von Bach

Bekannte Krankheitsbilder

Ein Dackel ist grundsätzlich recht hart im Nehmen; merken Sie ihm eine Schwäche an, gehen Sie daher sofort mit ihm zum Tierarzt.

Dackel sind, was Krankheiten betrifft, nicht wehleidig und hart im Nehmen – häufig leiden sie still, ehe sie sich ein Unwohlsein anmerken lassen. Beobachten Sie daher Ihren Hund gut und reagieren Sie bereits bei den ersten Anzeichen einer Erkrankung. Suchen Sie frühzeitig einen Tierarzt auf, hat Ihr Vierbeiner grundsätzlich die besten Heilungschancen.
Nachfolgend stellen wir einige bekannte Krankheitsbilder.

Dackellähme

Erstmals im Jahre 1886 beschrieben, beschränkt sie sich nicht nur auf den Dackel, sondern auf alle kurzbeinigen Rassen mit langem Rücken. Die kurz gezüchteten Läufe beruhen auf einer Chondrodystrophie, d. h. einer genetisch bedingten Entwicklungsstörung der knorpeligen Skelettanlage. Der normalerweise gelatineartige Kern der Bandscheibe wird bei kurzläufigen Hunden bereits kurz nach der Geburt in Knorpelmasse umgewandelt. Da die

Teckel dürfen nicht zu häufig Treppensteigen, da dies den Ausbruch der gefürchteten Dackellähme begünstigen kann.

Knorpelmasse nun weniger elastisch ist als das ursprüngliche gelatineartige Gewebe, kann die Bandscheibe nicht mehr oder nur ungenügend als Stoßdämpfer dienen. Durch entstehende Verkalkungen wird die Bandscheibe noch unelastischer. In der Folge reißt der Faserring, der sie umgibt ein, und das Material aus dem Bandscheibenkern wird in den Wirbelkanal und anschließend auf das Rückenmark gedrückt. Dies kann eine leichte Lähmung der Hinterhand bis hin zur völligen Querschnittslähmung nach sich ziehen. Je nach Schweregrad ist eine Behandlung oder auch Heilung möglich. Die Verkalkungen und die damit verbundene Gefahr an Dackellähme zu erkranken, können bereits im Alter von einem Jahr durch ein Röntgenbild erkannt werden. Vorbeugend sollte der Dackel keine Treppen steigen und nicht über hohe Hindernisse springen. Ein zusätzliches Risiko, an Dackellähme zu erkranken, ist Übergewicht des Hundes.

Der Deutsche Teckelklub (DTK) führt ab 1.1.2010 ein Screening durch, um alle auftretenden Fälle zu registrieren und dann in Zusammenarbeit mit dem wissenschaftlichen Beirat des VDH ein Zuchtprogramm gegen Teckellähme zu entwickeln. Besitzer, deren Teckel operiert werden mussten, erhalten einen Kostenzuschuss. Der Verein Jagdteckel (VJT) verbietet einen Zuchteinsatz von Hunden, die an Dackellähme erkrankt waren.

Herzschwäche im Alter

Ab einem Alter von etwa acht Jahren kann bei Dackeln, wie bei anderen Zwerghunderassen auch, eine Herzschwäche infolge einer Mitralklappeninsuffizienz auftreten. Die Mitralklappe schließt dann nicht mehr richtig, weshalb Blut in den Vorhof zurückfließt. Der Herzmuskel muss nun stärker arbeiten, um dem Rückfluss entgegenzuwirken; dadurch kommt es im

Notfall-Set

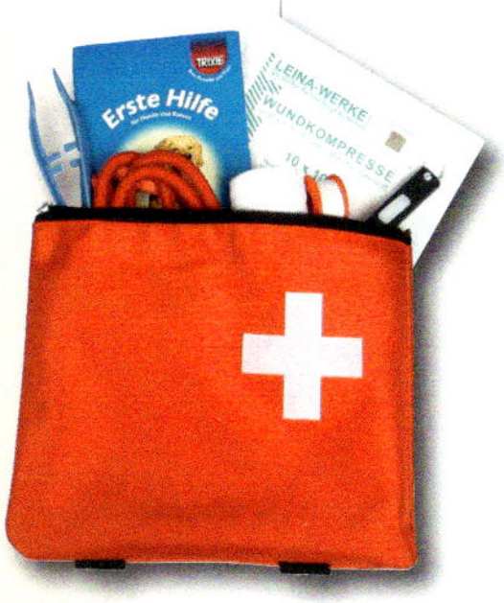

- Elastische Mullbinden
- Sterile Gaze
- Selbstklebende Verbände
- Watte
- Pflasterrolle
- Verbandsschere
- Wunddesinfektionsmittel
- Antiseptisches Puder
- Brand- und Antihistamin-Salbe (vom Tierarzt)
- Heparin-Salbe (vom Tierarzt)
- Traumeel Salbe
- Digitales Fieberthermometer
- Taschenlampe
- Decke
- Eventuell Maulkorb
- Ersatzleine
- Einmalhandschuhe

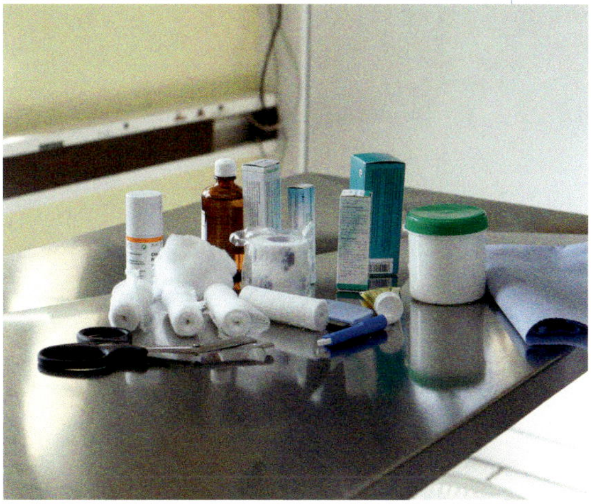

Ihr Tierarzt stellt Ihnen gerne ein Notfall-Set für Ihren Hund zusammen.

Gerade bei Hunden mit Herzschwäche ist auf eine schlanke Linie zu achten, damit der Kreislauf nicht zusätzlich belastet wird.

In den deutschen Rassezuchtvereinen werden nur Dackel zur Zucht zugelassen, die frei sind von erblichen Augenerkrankungen.

Laufe der Zeit zu einer Herzvergrößerung. Wird dieses Problem frühzeitig erkannt, ist es gut mit Medikamenten zu behandeln; die Hunde können damit trotzdem noch viele Jahre leben. Ein regelmäßiges, aufmerksames Abhören durch den Tierarzt sowie eine Ultraschalluntersuchung des Herzens ist bei älteren Dackeln also schon vorbeugend ratsam.

Katarakt (Grauer Star)

Unter Katarakt versteht man eine Trübung der Linse im Auge. Die Entwicklung des Grauen Stars ist in den meisten Fällen genetisch veranlagt und nicht unbedingt altersabhängig. Die Ausprägung der Trübung kann klein und unbedeutend sein, sie kann aber auch stark das Sehvermögen des Hundes beeinträchtigen. In letzterem Fall schafft, wie beim Menschen, eine ambulante Operation Abhilfe: Die trübe Linse wird zertrümmert und abgesaugt; anschließend setzt der auf Augenkrankheiten spezialisierte Tierarzt eine Kunstlinse ein, die dem Vierbeiner vor allem im Nahbereich ein deutlich verbessertes Sehen ermöglicht. Die Erfolgsquote liegt bei 90 %. Innerhalb des DTK und des VJT darf nur mit kataraktfreien Hunden gezüchtet werden.

Progressive Retinaatrophie (PRA)

Die Progressive Retinaatrophie ist ein Sammelbegriff für erbliche, fortschreitende Netzhautdegenerationen mit verschiedenen genetischen Ursachen. Durch lokale Stoffwechselstörungen im Gewebe der Netzhaut wird die Netzhaut kontinuierlich zerstört. Letztendlich führt die PRA zur vollständigen Erblindung, meist um das achte bis zehnte Lebensjahr des Hundes. Eine Behandlungsmöglichkeit gibt es nicht. Die Erkrankung beginnt mit einem verschlechterten Sehvermögen in der Dämmerung oder mit Nachtblindheit. Der DTK und der VJT lassen nur PRA-freie Hunde zur Zucht zu.

Alternative Heilmethoden

In der Naturheilkunde werden die Hunde ganzheitlich behandelt.

Auch im tiertherapeutischen Sektor sind alternative Heilmethoden zunehmend im Kommen. Bei manchen Krankheiten kann eine schulmedizinische Behandlung häufig völlig durch alternative Verfahren ersetzt werden. Meist dauert solch eine Therapie zwar länger, andererseits ist sie jedoch deutlich nebenwirkungsärmer. Bei chronischen Erkrankungen hat sich der Einsatz alternativer Heilmethoden ebenfalls bewährt. In schweren Krankheitsfällen können natürliche Verfahren mit der Schulmedizin kombiniert werden und so zusätzliche Linderung verschaffen. Im Folgenden stellen wir Ihnen einige bewährte Heilmethoden vor.

Homöopathie

Die Homöopathie, die von dem Arzt Samuel Hahnemann (1755–1843) begründet wurde, betrachtet den Menschen bzw. das Tier als Ganzes. Hier spielt nicht nur das akute körperliche Symptom eine Rolle, sondern die gesamte Persönlichkeit des Tieres mit all ihren körperlichen und seelischen Eigenheiten. Um das passende Mittel zu finden, sind also neben dem Leitsymptom auch der Wesenstyp, die Entstehung der Krankheit, der augenblickliche Zustand und weitere Besonderheiten des Patienten zu beachten. Dabei gilt der Grundsatz: Ähnliches ist mit Ähnlichem zu heilen. Homöopathika stammen überwiegend aus dem Pflanzenreich; man verwendet aber auch Mi-

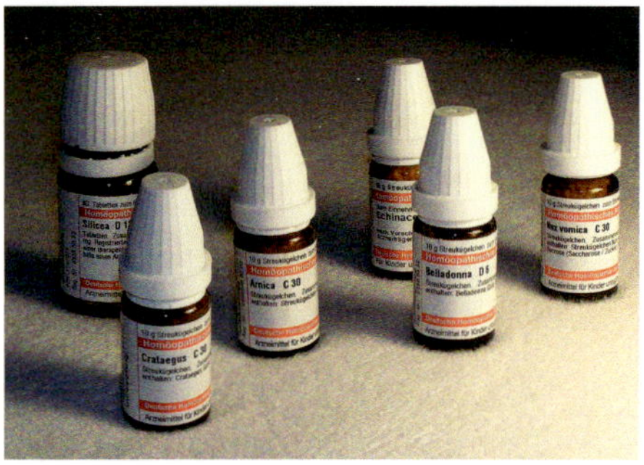

Die Homöopathie sieht Mensch und Tier als Ganzes, nicht nur das körperliche Symptom spielt also eine Rolle, sondern auch die Psyche des jeweiligen Individuums.

neralien, Stoffe aus dem Tierreich, Metalle und Nosoden. Mithilfe von Wasser, Alkohol oder Milchzucker entstehen aus den natürlichen Stoffen Ursubstanzen. Diese Ursubstanzen werden nach den Angaben Hahnemanns durch entsprechende Verdünnungen zu Dezimalpotenzen (z. B. D-, C-, LM-Potenzen) verarbeitet, die der Therapeut schließlich je nach Schweregrad der Erkrankung zur Behandlung einsetzt. Homöopathische Arzneimittel gibt es als Tropfen, Tabletten, Globuli (Streukügelchen) oder Injektionslösungen. Neben den reinen Substanzen sind auch etliche homöopathische Mischpräparate erhältlich, sogenannte Komplexmittel.

Phytotherapie

Unter Phytotherapie oder Pflanzenheilkunde versteht man die Lehre der Verwendung von Heilpflanzen als Medikament. Sie gehört zu den ältesten medizinischen Therapien und ist auf der ganzen Welt in allen Kulturen verbreitet. Zum Einsatz kommen dabei ganze Pflanzen und deren Teile (Blüten, Blätter, Wurzel), die auf verschiedene Weise (z. B. als Frischkraut, Aufguss, Auskochung, Kaltwasserauszug und Pulverisierung) zu einem Medikament verarbeitet werden. Meist verwendet der Phytotherapeut Stoffgemische, die sich bereits als gut wirksam bewährt haben. Auch die Homöopathie nutzt auf pflanzlicher Ebene die Erkenntnisse der Phytotherapie.

Akupunktur

Die Akupunktur ist ein Teilgebiet der Traditionellen Chinesischen Medizin (TCM). Man geht hier von über 300 Akupunkturpunkten aus, die auf verschiedenen Meridianen (= Energiebahnen) des Körpers angeordnet sind. Durch das Einstechen von speziellen Akupunkturnadeln erwärmen sich die gestochenen Punkte und bringen das Qi (= Lebensenergie) wieder in einen intakten Fluss. Die Akupunktur gehört zu den Umsteuerungs- und Regulationstherapien. Eine Sitzung dauert ca. 20 bis

Bei der Phytotherapie kommen verschiedene Heilpflanzen als Medikament zum Einsatz.

Die Akupunktur kann beispielsweise Hunden mit schmerzhaften Gelenkproblemen zu neuer Beweglichkeit verhelfen.

30 Minuten. Der Patient wird dabei ruhig und entspannt gelagert. Eine komplette Therapie umfasst in der Regel 10 bis 15 Sitzungen. Die Akupunktur hat sich vor allem bei Schmerzpatienten bewährt. Für Hunde mit HD oder anderen Gelenkproblemen ist dies oft die letzte Chance, schmerzfrei zu werden. Eine Spezialform der Akupunktur ist die Goldakupunktur: Dabei werden kleine Goldkügelchen minimalinvasiv unter Narkose in bestimmte Akupunkturpunkte eingesetzt. Diese Goldkugeln bewirken eine Dauerakupunktur; die Schmerzleitung wird dadurch gehemmt und das Tier läuft somit wieder beschwerdefrei. Der Eingriff ist einmalig und wirkt in der Regel ein Leben lang. Die Goldakupunktur führt nicht jeder Tierarzt durch. Voraussetzung ist eine Ausbildung sowie langjährige Erfahrung in Akupunktur, ganzheitlicher Orthopädie und Chirurgie. Tierärzte mit der Zusatzbezeichnung „Akupunktur" sind bei den einzelnen Landestierärztekammern zu erfahren.

Osteopathie

Die Osteopathie ist eine sanfte Methode, mit deren Hilfe die Selbstheilungskräfte des Körpers neu aktiviert werden. Auch der Osteotherapeut arbeitet ganzheitlich; nach einem ausführlichen Gespräch über den Patienten und dessen Beschwerden erspürt er mit seinen Händen Körperblockaden, die er anschließend durch bestimmte Berührungstechniken auflöst (meist sind mehrere Anwendungen nötig). Auf diese Weise kommt das Körpergewebe wieder ins Gleichgewicht und alle Körperflüssigkeiten zurück in ihren natürlichen Fluss. Osteopathie wird vor allem bei Schmerzpatienten erfolgreich angewendet, wobei der Schmerz meist nur ein Symptom einer tiefer liegenden Erkrankung bzw. Blockade ist. Immer mehr Tierphysiotherapeuten bieten zusätzlich zu ihrem herkömmlichen Leistungsspektrum Osteopathie an.

Was ändert sich im Alter?

Ein alternder Dackel ist etwas ganz besonderes: Er strahlt viel Würde und Weisheit aus.

Ein Dackel altert zwischen dem 10. und 12. Lebensjahr. Dies macht sich nicht nur durch äußere Anzeichen wie dem zunehmenden Grauwerden um Schnauze und Augen bemerkbar, sondern auch durch bestimmte Wesensveränderungen und Alterswehwehchen. Mit der Zeit wird Ihr Dackel gelassener und ruhiger. Er hat ein höheres Schlafbedürfnis als früher, sein Bewegungsdrang nimmt allmählich ab. Häufig reagieren ältere Vierbeiner weniger flexibel auf Veränderungen. Eine verstärkte Anhänglichkeit, nächtliche Unruhe und geringeres Interesse an Artgenossen ist ebenfalls oft zu erkennen. Manche Hunde zeigen sich sogar schrullig und legen plötzlich bestimmte Marotten an den Tag, die sie vorher nicht hatten. Ursache hierfür können Verkalkungen im Gehirn sein, die eine Senilität bewirken. Nun sind mehr denn je Ihr Humor und Ihre Lockerheit gefragt. Zwar sollten Sie selbst mit einem alten Vierbeiner konsequent sein, trotzdem darf hier und da ein Augenzwinkern nicht fehlen.

Auch die Leistung der Sinnesorgane lässt allmählich nach: Ihr Dackel hört, sieht und riecht nun schlechter als früher. Viele Hunde zeigen außerdem eine erhöhte Neigung zu Übergewicht. Um den gefährlichen Folgen des Dickwerdens wie Gelenkschäden oder Herz-Kreislauf-Störungen vorzubeugen, ist eine altersangepasste Ernährung nötig. Generell gehören Teckel zu den langlebigen Hunderassen, die nicht selten 15 und mehr Jahre alt werden. Trotz aller Veränderungen ist es wichtig, dass

Integrieren Sie auch den älteren Dackel voll in Ihren Alltag, das gibt ihm ein Gefühl von Geborgenheit und Zugehörigkeit.

Fitmacher „Spielen"

Fordert Ihr vierbeiniger „Rentner" Sie noch zum Spielen auf, machen Sie ihm die Freude und gehen Sie darauf ein; so fühlt er sich wichtig und dazugehörig. Respektieren Sie allerdings die Tatsache, dass ältere Hunde schneller die Lust am Spielen verlieren als Jungspunde. An manchen Tagen ist Ihr betagter Freund vielleicht überhaupt nicht zum Spielen aufgelegt. Möchte Ihr Senior von heute auf morgen nicht mehr spielen, lassen Sie ihn vom Tierarzt untersuchen, denn eventuell verdirbt ihm ein akutes gesundheitliches Problem den Spaß.

Sie Ihren vierbeinigen Senior nicht als alt, senil und „unbrauchbar" abstempeln!

Der richtige Umgang

Wer rastet, der rostet

Ihr Dackel altert schneller, wenn er sich abgeschoben fühlt und nicht mehr altersangemessen gefordert wird. „Wer rastet, der rostet" gilt also auch für alte Hunde, daher ist körperliche Aktivität besonders wichtig. Sie bringt nicht nur den Kreislauf in Schwung, auch Muskeln und Gelenke bleiben beweglich. Ebenso wird die Durchblutung aller Organe angeregt und eine optimale Sauerstoffversorgung gewährleistet. Der zusätzliche Abbau von Stresshormonen führt zu ausgeglichener Zufriedenheit. Richten Sie Art und Umfang der Bewegung nach den individuellen Bedürfnissen, der Fitness und der allgemeinen, bis dahin erworbenen Kondition Ihres Dackels aus. Gehen Sie sensibel auf den Aktivitätsdrang Ihres Vierbeiners ein; beobachten Sie ihn gut und überfordern Sie ihn nicht. Ein Spaziergang, auf dem Ihr wedelnder Senior über sein Tempo und eventuelle Toberunden selber bestimmen darf, ist besser als eine Joggingrunde, bei der Ihr alter Freund nur mühsam Schritt halten kann. Untrainierte Vierbeiner sollten Sie nicht von heute auf morgen anstrengenden, ungewohnten Aktivitäten aussetzen. Jagdlich geführte Dackel sind noch im Rentenalter für gemeinsame Pirschgänge im Revier zu begeistern.

Selbst Hunderentner bekommen manchmal noch ihre verrückten fünf Minuten.

Bei Spaziergängen ist Regelmäßigkeit und Gleichmäßigkeit sehr wichtig; das heißt: Gehen Sie mit einem alten Dackel lieber mehr-

Wurde Ihr Teckel sein Leben lang jagdlich geführt, hat er auch im Alter noch Spaß an gemeinsamen Reviergängen.

Angemessene Bewegung für Seniorhunde

Damit Gelenke, Muskeln und Bänder geschont werden, ist eine gleich bleibende Bewegungsabfolge empfehlenswerter als beispielsweise ein wildes Ballspiel, bei dem der Hund abrupt starten und wieder abbremsen muss.

Extrem Kreislauf belastend sind hohe, schwüle Sommertemperaturen. Verlegen Sie Spaziergänge und sportliche Aktivitäten mit Ihrem wedelnden Rentner an solchen Tagen also lieber auf die kühlen Morgen- und Abendstunden.

Nach wie vor ein toller Sommersport für alte Dackel ist Schwimmen. Der dabei ausgeführte gleichmäßige Bewegungsablauf schont den Kreislauf und die Gelenke. Hier kann Ihr Teckel auch sein Tempo und das Maß der Bewegung gut selbst bestimmen. Nichtschwimmer planschen vielleicht lieber à la Kneipp. Nutzen Sie in der warmen Jahreszeit also jeden Bach oder Teich, an dem sie vorbeikommen. Rubmals täglich eine halbe Stunde spazieren als einmal am Tag ganz lang. Diese Kontinuität sollten Sie auch am Wochenende und im Urlaub beibehalten, damit der Grad der Belastung einheitlich bleibt. Achten Sie außerdem darauf, dass Ihr Senior vor einer Übungseinheit auf dem Hundeplatz, einer Toberunde mit Artgenossen oder einer kleinen Fahrradtour genügend aufgewärmt ist. Ein unvorbereiteter Kaltstart belastet Herz, Kreislauf, Muskeln, Bänder und Gelenke zu stark. Führen Sie Ihren Dackel lieber erst in gleichmäßigem Schritttempo an der Leine spazieren, ehe er sich richtig auspowern darf. Im Anschluss an eine sportliche Betätigung sollte Ihr Senior ebenfalls in ruhigem Tempo wieder abkühlen können.

Gehen Sie mit einem älteren Hund im Sommer lieber in den kühlen Morgen- und Abendstunden spazieren als in der größten Mittagshitze.

Allroundhelfer „Spaziergang"

Regelmäßiges Spazierengehen ist für alte Hunde toll und sehr wichtig. Der Vierbeiner kann hier sein Tempo selbst bestimmen. Die Bewegungsabläufe sind in der Regel gleichmäßig. Außerdem hält ein Gang an der frischen Luft viele Sinneseindrücke parat: Ihr Senior hat Kontakt zu Artgenossen und zu anderen Menschen. Zudem nimmt er unterschiedliche Gerüche wahr („Zeitung lesen"). Und: Die Bewegung draußen bei jedem Wetter stärkt das Immunsystem. Ein Spaziergang wird abwechslungsreicher, wenn Sie unterwegs kleine Spielchen oder Gehorsamsübungen einstreuen. Nehmen Sie es Ihrem Rentner aber nicht krumm, wenn er mal einen schlechteren Tag und somit keine Lust auf Gaudi hat. Stecken Sie zur Belohnung immer die Lieblingsleckerlis Ihres haarigen Freundes ein. Auch die regelmäßige Verabredung mit anderen Hundebesitzern macht die tägliche Bewegung kurzweiliger.

beln Sie einen empfindlichen Hund an kühlen Tagen jedoch unbedingt gut trocken, denn Nässe und Wind führen schnell zu einer gefährlichen Lungenentzündung oder einem schmerzhaften Rheumaschub. Für die kalten Wintermonate gibt es inzwischen schon vereinzelt Hundeschwimmbäder; diese sind in der Regel einer Praxis für Tierphysiotherapie angeschlossen.

Leidet Ihr Vierbeiner bereits unter körperlichen Beschwerden, müssen Sie ihn dennoch nicht völlig ruhig stellen. Bei etlichen chronischen Erkrankungen trägt ein individuell abgestimmtes Mobilitätsprogramm oft sogar zur Besserung bei. In der Akutphase kann allerdings vorübergehende Ruhe nötig sein. Am besten besprechen Sie sich in einem solchen Fall mit Ihrem Tierarzt. Er klärt Sie je nach Art und

Ältere Wasserratten planschen in der warmen Jahreszeit immer noch gerne im kühlen Nass.

Schwere des Leidens Ihres Dackels darüber auf, welche Bewegungen erlaubt und welche verboten sind. Bei Krankheiten des Bewegungsapparates hilft auch eine gezielte Physiotherapie.

Beschäftigungstipps für Seniorhunde

Viele Hunde spielen noch bis ins hohe Alter, meist zwar nicht mehr mit Artgenossen, dafür aber in kurzen Sequenzen mit Herrchen oder Frauchen. Spielen macht dann nicht nur Spaß, sondern hat für ältere Vierbeiner sogar einen therapeutischen Nutzen – es bedeutet Ablenkung von kleineren Alterswehwehchen sowie

Spaziergänge bei jedem Wetter stärken nicht nur das Immunsystem, sondern fördern auch alle Sinne Ihres vierbeinigen Seniors.

Ein ausgiebiges Päuschen auf einer wärmenden Decke, um die letzten Sonnenstrahlen des Jahres zu genießen, tut Alt und Jung gut.

Ein lustiges Spiel lässt gerade ältere Hunde in einen Jungbrunnen fallen und stärkt somit ihr Selbstvertrauen.

Stärkung des altersmäßig häufig angeknacksten Selbstbewusstseins, denn der wedelnde Senior steht plötzlich wieder ganz im Mittelpunkt und erhält viel Lob, das zu neuem Stolz verhilft. Viele Graue Schnauzen fallen durch ein lustiges Spiel sogar regelrecht in einen Jungbrunnen. Und: Hunde, die ihr Leben lang spielerisch gefordert wurden, bleiben generell länger fit und gesund. Selbstverständlich verlangt das Spielen mit älteren Vierbeinern erhöhte Rücksichtnahme auf den aktuellen Gesundheitszustand sowie die bis dahin erworbene Kondition. Diverse Zipperlein sind aber trotzdem noch kein Grund, generell auf Spiel und Spaß zu verzichten. Mit etwas Fantasie, viel Einfühlungsvermögen und Humor findet man genügend Möglichkeiten, auch einen Seniorhund alters angemessen zu fordern.

Schnüffelspiele begeistern auch noch graue Schnauzen. Sie fördern zudem alle Sinne und die Konzentration.

Apportieren steht bei vielen älteren Freaks noch hoch im Kurs. Mit Rücksicht auf den schon abgenützten Bewegungsapparat des Hundes sollten die zu bringenden Gegenstände allerdings wenig wiegen. Ansonsten sind Ihrer Fantasie kaum Grenzen gesetzt: Ob Gartenhandschuhe, Zeitung, Pantoffel oder Schirm, Ihr wedelnder Gentleman wird Sie sicherlich nicht enttäuschen.

Bieten Sie Ihrem vierbeinigen Rentner außerdem **Schnüffelspiele** an, die seine Sinne und die Konzentrationsfähigkeit fördern. Da die Riechleistung im Alter abnimmt, sind stark duftende „Lockstoffe" wie getrockneter Pansen empfehlenswert, mit dem Sie beispielsweise eine Fährte durch den Garten legen können. Immer wieder beliebt ist auch das **Hütchenspiel**: Stellen Sie drei umgedrehte Plastikblumentöpfe in etwas Abstand nebeneinander auf; unter einen Topf legen Sie vor den Augen Ihres

Vierbeiners ein Leckerchen; nun vertauschen Sie mehrmals durch Verschieben die Plätze der „Hütchen". Anschließend muss Ihr Senior die Leckerei finden.

Beherrscht Ihr Dackel **Kunststückchen**, fragen Sie diese immer wieder ab, denn das hält geistig fit. Hunde, die hier über Jahre hinweg trainiert wurden, lernen selbst noch im Alter problemlos neue Tricks. Aber auch für eher ungeübte Rentner ist eine Neueinstudierung leichter Übungen wie Pfotegeben oder „Sich-schlafend-Stellen" machbar und sinnvoll, denn durch Kopfarbeit bleiben ergraute Schnauzen deutlich länger jung. Selbst die wiederholte **Abfrage des Grundgehorsams** ist für alte Hunde eine wichtige Bestätigung.

Das gemeinsame Spielen mit einem Seniorhund bringt nicht nur viel Spaß und neue Lebensfreude, sondern schweißt Sie noch enger zu einem tollen Team zusammen. Nützen Sie die Zeit miteinander so lange es geht!

Gepflegt im Alter

Richtig verwöhnen können Sie Ihren vierbeinigen Liebling mit einigen Anwendungen aus dem Wellnessbereich. So wird durch eine entspannende Bürstenmassage beispielsweise nicht nur abgestorbenes Haar herausgekämmt, sondern auch die vermehrte Durchblutung der Haut angeregt. Intensives Streicheln wirkt ebenfalls wie eine angenehme, vitalisierende Massage. Massieren Sie Ihren Dackel sanft mit kreisförmigen Bewegungen. Lockernd wirkt ein leichtes Kneten und Rollen von Haut und Muskeln. Die Aromatherapie kann Hundesenioren zu neuer Energie verhelfen; sie stärkt den Kreislauf, aktiviert die Abwehrkräfte und fördert die seelische Ausgeglichenheit. Außerdem wird ihr eine besonders erfrischende Wirkung nachgesagt. Geben Sie einige Tropfen der ätherischen Öle entweder in eine Duftlampe, in ein Kräutersäckchen oder direkt auf den Liegeplatz des Hundes, allerdings sehr sparsam dosiert, damit die feine Hundenase den Geruch nicht als störend empfindet. Für ältere Vierbeiner sind besonders Lavendel, Zitrone, Grapefruit, Orange, Geranium und Muskatellersalbei empfehlenswert, denn sie haben auf den gesamten Organismus eine stärkende und aufbauende Wirkung.

Bürsten erleichtert in jedem Alter nicht nur den Fellwechsel, sondern wirkt auch wie eine angenehme, durchblutungsfördernde Massage.

Gerade älteren Hunden tut eine gezielte Physiotherapie gut, beispielsweise auf einem Unterwasserlaufband.

Pflege-Tipps für Seniorhunde

- ✓ *Regelmäßige Zahnkontrolle sowie Zähneputzen sind empfehlenswert, denn Prophylaxe schützt wirksam vor vielen Zahnproblemen.*
- ✓ *Bürsten Sie Ihren Hund einmal in der Woche.*
- ✓ *Kontrollieren Sie regelmäßig die Haut auf Veränderungen und eventuelle Liegeschwielen sowie die Krallen.*
- ✓ *Tasten Sie Ihren Senior wöchentlich nach eventuellen Veränderungen ab.*
- ✓ *Entwurmen Sie auch den älteren Vierbeiner alle drei bis vier Monate bzw. lassen Sie eine Kotprobe untersuchen.*
- ✓ *Reinigen Sie regelmäßig Augen, Ohren, Scham bzw. Penis.*
- ✓ *Rauchen Sie nicht in der Gegenwart Ihres Hundes, denn Passivrauchen beschleunigt den Alterungsprozess.*
- ✓ *Geben Sie Ihrem Vierbeiner einen warmen, weichen und vor Zugluft geschützten Schlafplatz, denn Sie hygienisch sauber halten.*
- ✓ *Gehen Sie ein- bis zweimal im Jahr zur Altersvorsorgeuntersuchung zu Ihrem Tierarzt.*

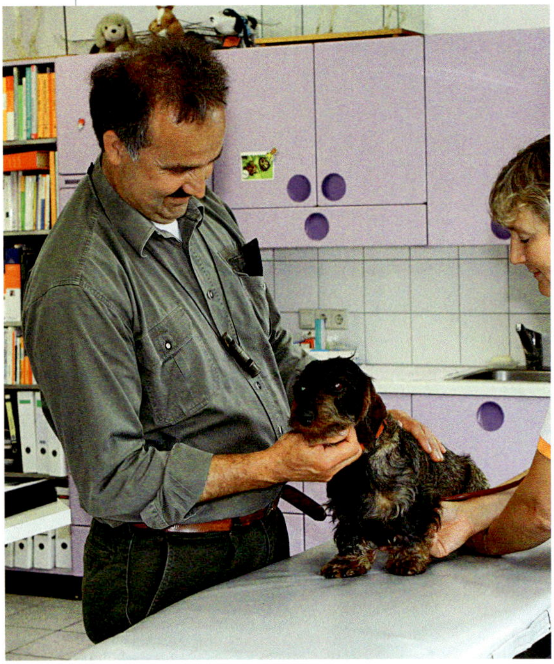

Lassen Sie Ihren Dackel gerade im Alter regelmäßig von einem Tierarzt durchchecken.

Mit alternativen Heilmethoden zu neuer Lebensqualität

Bei manchen Altersbeschwerden können Hunden unterschiedliche Verfahren aus der Naturheilkunde helfen. So hält die Homöopathie mit Präparaten wie Echinacea zur Stärkung der Abwehrkräfte, Crataegus zur Anregung und Stabilisierung der Herztätigkeit und Vermiculite gegen Zahnstein und Zahnfleischentzündungen bewährte Mittel bereit. Bachblüten helfen bei Tieren mit altersbedingten Wesensveränderungen. Um das richtige Präparat für Ihren Hund zu finden, besprechen Sie sich am besten mit einem naturheilkundlich erfahrenen Tierarzt. In der Schmerztherapie erzielt die Akupunktur sehr gute Erfolge. Schmerzmittel lassen sich dadurch meist deutlich reduzieren, manchmal werden sie sogar gänzlich überflüssig. Die Akupressur ist eine Abwandlung der Akupunktur; hier ersetzen die Berührung und der Druck der Finger die Nadeln. Dies wirkt sich nicht nur sehr positiv und entspannend auf den

Körper aus, sondern auch auf die Seele des Vierbeiners.
Einfache Hausmittel tun Ihrem Hundesenior ebenfalls gut. Leidet Ihr Dackel beispielsweise an Rheuma, legen Sie eine Wärmflasche oder ein erwärmtes Dinkel- oder Kirschkernkissen in den Hundekorb. Ein auf diese Weise vorgewärmtes Körbchen wirkt sich auch bei Hunden mit Gelenkproblemen sehr positiv aus.

Ein erwärmtes Dinkelkissen im Hundelager tut Ihrem Dackel bei rheumatischen Gelenkbeschwerden gut.

Ein mehrmals hintereinander durchgeführtes „Sitz" und „Steh" kräftigt die Hinterhandmuskulatur.

Physiotherapie für daheim

- ✓ *Lassen Sie Ihren Hund abwechselnd Pfötchen geben: Dies löst Verspannungen im Schulterbereich und stärkt gleichzeitig die Muskulatur.*
- ✓ *Ein mehrmaliges „Sitz" und „Steh" im Wechsel entspricht den menschlichen Kniebeugen; dadurch wird mehr Muskulatur in der Hinterhand aufgebaut.*
- ✓ *Ein kleiner Cavaletti-Lauf fördert die Konzentration, die Koordination und den Aufbau der Beinmuskulatur. Legen Sie hierfür eine Leiter oder einige Besenstiele etwas erhöht auf den Boden und achten Sie darauf, dass Ihr wedelnder Gefährte ganz exakt eine Pfote nach der anderen in die Sprossenzwischenräume setzt.*
- ✓ *Pumpen Sie eine stoffbezogene Luftmatratze nicht ganz prall auf; nun stellen Sie sich und Ihren Hund darauf und treten leicht auf der Stelle. Diese flexible Unterlage fördert den Gleichgewichtssinn Ihres Vierbeiners und wirkt muskelaufbauend.*
- ✓ *Ein Slalom durch Ihre Beine ist für Ihren Vierbeiner eine gute Dehnübung, da sich der gesamte Hundekörper dabei beidseitig leicht u-förmig dehnt.*

Bitte vergessen Sie nicht *bei all diesen Übungen ausgiebiges Loben und Leckerlis zur Belohnung, schließlich soll auch eine Physiotherapie Spaß machen!*

Bekommt Ihr vierbeiniger Senior nach einer längeren Wanderung Muskelkater, schaffen Einreibungen und Umschläge mit Arnikasalbe oder verdünnter -tinktur Erleichterung. In der kalten Jahreszeit bewährt sich diese Behandlung ebenfalls bei älteren Hunden mit rheumatischen Muskel- oder Gelenkbeschwerden.

Ein weiteres sehr breites Heilungsspektrum bietet die Physiotherapie, die neben spezieller Krankengymnastik diverse Wasser-, Massage- und Magnetfeldtherapien beinhaltet. Lassen Sie also Ihren vierbeinigen Senior im Fall der Fälle neben dem eigenen Verwöhnprogramm auch von den therapeutischen Fortschritten der Tiermedizin profitieren. Er hat es sich nach Jahren treuer Freundschaft redlich verdient!

Ernährungstipps

Natürlich darf eine dem Alter entsprechend angepasste Ernährung nicht fehlen. Stellen Sie Ihren Dackel langsam auf eine leichtere, energieärmere Nahrung um, damit er nicht übergewichtig und dadurch zusätzlich träge wird; immerhin sinkt der Energiebedarf Ihres Hundes im Alter um etwa 20 %. Füttern Sie nun zwei- bis dreimal am Tag, denn mehrere kleine Portionen sind leichter zu verdauen als eine Große. Achten Sie unbedingt auf die Linie Ihres Teckels, denn schlanke Hunde sind gesünder und leben länger. Im Fachhandel erhalten Sie spezielles Seniorfutter, das extra auf die Bedürfnisse und den verlangsamten Stoffwechsel alter Hunde abgestimmt ist. Bei diversen Erkrankungen bekommen Sie ein genau abgestimmtes Diätfutter über den Zoofachhandel oder Ihren Tierarzt. Allgemein sollte

Leckerli-Spaß für Seniorhunde

Möchten Sie Ihren Dackel mal mit selbst gebackenen Leckerlis verwöhnen, dann probieren Sie folgendes Rezept aus.

Sie benötigen folgende Zutaten:

100 g feine Senior-Hundeflocken
2 Eier
4 TL Senior-Dosenfutter

Alle Zutaten werden in einer Schüssel zu einem Teig verarbeitet. Daraus formen Sie nun kleine Bällchen, legen diese auf ein mit Backpapier ausgelegtes Backblech und lassen sie ca. 35 Minuten bei 175 °C im bereits vorgeheizten Backofen fest werden.

Dieses Rezept ist für jeden Hundetyp geeignet, denn ganz gleich, ob er Diätfutter braucht oder in Bezug auf Leckerli besonders wählerisch ist, Sie können dafür Ihr ganz normales tägliches Hundefutter verwenden. Füttern Sie normalerweise keine feinen Flocken, sondern gröberes Futter, wird dies vorher einfach in einer Küchenmaschine zerkleinert.

Damit der Spaß komplett wird, kann sich der Vierbeiner seine „Plätzchen" erarbeiten; dazu darf natürlich die richtige Verpackung nicht fehlen. Hier empfiehlt sich beispielsweise eine kleine Papiertüte oder ein ausrangiertes Stofftaschentuch. Aber auch ein alter Socken birgt, mit den Leckerlis gefüllt, einen großen Auspackspaß für den Hund und ist, geleert, anschließend auch noch ein tolles Spielzeug. Eine weitere geeignete Verpackung ist eine kleine Schachtel, beispielsweise von einer Glühbirne, oder einfach nur altes Zeitungspapier.

Extra-Tipp

Füttern Sie im Sommer nicht in der größten Mittagshitze: Ein voller Bauch wirkt bei großer Hitze zusätzlich kreislaufbelastend. Lassen Sie Ihren Senior nach dem Fressen mindestens 1 Stunde ruhen.

Gerade bei Ihrem Senior ist es wichtig, genau auf sein Gewicht zu achten.

Seniorfutter besonders schmackhaft und hochverdaulich sein. Geben Sie keine Nahrungsergänzungsmittel (Vitamine, Mineralstoffe), ohne es vorher mit Ihrem Tierarzt abgesprochen zu haben, denn auch Vitamine oder Mineralien können überdosiert schaden. Täglich frisches Trinkwasser darf natürlich nicht fehlen. Hat Ihr Hund deutlich weniger Durst, stellen Sie ihn auf Nassfutter (Dosenfutter) um oder mischen Sie seinem herkömmlichen Futter zusätzlich Wasser bei, damit er nach wie vor ausreichend mit Flüssigkeit versorgt wird.

Stecken Sie Ihrem Vierbeiner keine Süßigkeiten und Essensreste zu – dies wäre falsch verstandenes Verwöhnen und schadet älteren Hunden besonders. Belohnen Sie nur mit echten Hundeleckerlis; inzwischen gibt es sogar schon Leckereien in Senior- oder Lightqualität.

Halten Sie mehrere Hunde, achten Sie darauf, dass jeder auch wirklich nur seine Portion frisst.

Abschied

Leider währt ein Hundeleben nicht ewig und so ist auch irgendwann nach Jahren des gemeinsamen Zusammenlebens die Zeit des Abschieds gekommen. Manche Senioren schlafen einfach friedlich ein. Häufig jedoch wird der Hundebesitzer in die verantwortungsvolle Pflicht genommen, über Leben und Tod des Hundes selbst zu entscheiden. Wenn Ihr Dackel leidet, ihm das Leben zur Qual wird, weil selbst die Tiermedizin an ihre Grenzen kommt und ihm seine Schmerzen nicht mehr nehmen kann, ist es an der Zeit, ihn von seinem Leiden zu erlösen. Viele Tierärzte kommen hierfür auch zu Ihnen nach Hause, damit dem gebrechlichen Vierbeiner weiterer Stress durch einen unnötigen Transport erspart bleibt, und er in seiner gewohnten Umgebung ruhig und würdevoll für immer einschlafen darf.

Der Abschied von Ihrem langjährigen, treuen Begleiter ist natürlich mit großer Trauer verbunden. Haben Sie sich jedoch sein Hundeleben lang auf seine Bedürfnisse eingestellt und waren Sie in guten wie in schlechten Zeiten für ihn da, ist die Gewissheit eines erfüllten, tollen Hundelebens, das Ihr Dackel bei Ihnen hatte, vielleicht ein kleiner Trost. Da die Trauer um einen geliebten Vierbeiner nicht zu unterschätzen ist, gibt es inzwischen in vielen Orten Tierfriedhöfe oder -krematorien, die durch einen ganz bewussten Abschied und einen festen Ort der Trauer, den man jederzeit besuchen kann, die Trauerarbeit und das Loslassen erleichtern.

Jeder Dackel ist ein ganz einmaliges, liebenswertes Individuum, daher sollten Sie ihn mit keinem anderen Teckel vergleichen.

Natürlich wird Ihr verstorbener Dackel unersetzlich bleiben, trotzdem stellt sich Ihnen nach einiger Zeit vielleicht wieder die Frage nach einem neuen Hund. Stimmen auch dann noch alle Voraussetzungen für eine Anschaffung, ehren Sie das Andenken an Ihren Vierbeiner, indem Sie sich einen neuen Teckel anschaffen. Doch machen Sie nicht den Fehler, ihn mit Ihrem vorigen Hund zu vergleichen. Jeder Dackel ist absolut einmalig und auf seine ganz eigene Weise liebenswert.

Tierbestattungen

Adressen von Tierfriedhöfen und -krematorien in Ihrer Nähe bekommen Sie über den Bundesverband der Tierbestatter e.V.:
www.tierbestatter-bundesverband.de
Eventuell können Ihnen aber auch Ihr Tierarzt oder der örtliche Tierschutzverein weiterhelfen.

Tierfriedhöfe können Ihnen die Trauerarbeit um einen geliebten Vierbeiner erleichtern.

Hilfreiche Adressen und Links

Rassezuchtvereine Deutschland

Deutscher Teckelklub 1888 e.V. (DTK)
Jan Schürings
(Geschäftsstelle)
Prinzenstr. 38
47058 Duisburg
Tel: 0203-33 00 05
Fax: 0203-33 00 07
www.dtk1888.de

Verein für Jagdteckel e.V. (VJT)
Rainer Dehnhardt
(Geschäftsstelle;
Abgabe nur an Jäger)
Adolph-Kolping-Str. 31
51399 Burscheid
Tel: 02174-78 62 12
Fax: 02174-78 62 13
www.jagdteckel.de

Österreich

Österreichischer Dachshunde Klub
Sylvia Heinz
(Welpenvermittlung)
Neuriesgasse 7
A-2484 Weigelsdorf
Tel + Fax: 0043-(0)2254-733 31
www.dachshundeklub.at

Schweiz

Schweizerischer Dachshund Club
Rita Widmer
(Welpenvermittlung)
Bundhofen 527
CH-3054 Schüpfen
Tel: 0041-(0)31-879 20 08
www.dackel.ch

Kynologenverbände

Verband für das Deutsche Hundewesen (VDH)
Westfalendamm 174
(Geschäftsstelle)
44141 Dortmund
Tel: 0231-565 00-0
Fax: 0231-59 24 40
www.vdh.de

Jagdgebrauchshunde-verband e.V. (JGHV)
Dr. Lutz Frank
(Geschäftsführer)
Neue Siedlung 6
15938 Drahnsdorf
Tel: 035453-215
Fax: 035453-262
www.jghv.de

Österreichischer Kynologen-verband (ÖKV)
Siegfried-Marcus-Str. 7
(Geschäftsstelle)
A-2362 Biedermannsdorf
Tel: 0043-(0)2236-71 06 67
Fax: 0043-(0)02236-71 06 67-30
www.oekv.at

Schweizerische Kynologische Gesellschaft (SKG)
Brunnmattstr. 24
(Geschäftsstelle)
CH-3007 Bern
Tel: 0041-(0)31-306 62 62
Fax: 0041-(0)31-306 62 60
www.hundeweb.org

Haustierregister

Deutscher Tierschutzbund e.V.
Baumschulallee 15
(Geschäftsstelle)
53115 Bonn
Tel: 0228-60 49 60
Fax: 0228-60 49 640
www.tierschutzbund.de

TASSO e.V.

Haustierzentralregister
Frankfurter Str. 20
65795 Hattersheim
Tel: 06190-93 73 00
Fax: 06190-93 74 00
www.tiernotruf.org

Internationale Zentrale-Tierregistrierung (IFTA)
Nördliche Ringstr. 10
91126 Schwabach
Tel: 00800-43 82 00 00
Fax: 09122-88 51 989
www.tierregistrierung.de

Interessante Links zu Internetseiten rund um den Hund:

www.partner-hund.de
www.hundefinder.de/hundeschulen
www.ferien-mit-hund.de
www.flughund.de
www.haustierratgeber.de

Der Verlag ist nicht für den Inhalt von Internetseiten und deren Links verantwortlich

Dank

Mein besonderer Dank gilt Dieter Honsálek und seinem Zwinger „vom Gesselner Feld" (www.teckel-vom-gesselner-feld.de) für die fachliche Mitarbeit und Beratung.
Ein großer Dank geht außerdem an Christine Steimer (www.tierfotografie-steimer.de) für ihre einmaligen, direkt aus dem Leben gegriffenen Fotos. Ihre Bilder stellen immer wieder eine große Bereicherung für die Premium-Ratgeber-Reihe dar.
Danke auch allen zwei- und vierbeinigen Modells, die sich netterweise für Fotoaufnahmen zur Verfügung gestellt haben.
Ein weiteres dickes Dankeschön geht an Ingrid Heindl (www.tierphysiotherapie-bayern.de) und Dr. med. vet. Susanne Winhart: Ihr fachlicher und persönlicher Rat ist mir stets eine große Hilfe.
Außerdem gilt mein herzlicher Dank Familie Schmitt und Tobias Volg für ihren steten Rückhalt in allen Fragen und Bereichen sowie meinen Redaktionshunden „Luzie" und „Peggy" für ihr beruhigendes Schnarchen während meiner Arbeit und unsere gemeinsamen, entspannenden Spaziergänge und Spielrunden zwischendurch.

Annette Schmitt

Bildnachweis

Alle Fotos von Christine Steimer, außer:
Karin van Klaveren, Seiten: 9 oben, 16, 30 links, 50 oben, 74 unten, 78, 111
Annette Schmitt, Seiten: 70 unten, 71 unten, 75(2), 112 oben, 119 unten, 121 links, 122, 123 oben
Trixie, Seiten: 36(4), 37(1), 38(6), 39(2), 48(4), 49(2), 67(2), 75(1), 85(1), 102(1), 109(1), 116(1)
Wir danken der Firma TRIXIE Heimtierbedarf GmbH & Co. KG für die Verwendung der oben genannten Bilder.

Register

Hinweis: Die in diesem Buch enthaltenen Empfehlungen und Angaben sind von den Autoren mit größter Sorgfalt zusammengestellt und geprüft worden. Eine Garantie für die Richtigkeit der Angaben kann aber nicht gegeben werden. Autoren und Verlag übernehmen keinerlei Haftung für Schäden und Unfälle. Der Leser sollte bei der Anwendung der in diesem Buch enthaltenen Empfehlungen sein persönliches Urteilsvermögen einsetzen.

Impressum

Bibliografische Information der Deutschen Nationalbibliothek
Die Deutsche Nationalbibliothek verzeichnet diese Publikation in der Deutschen Nationalbibliografie; detaillierte bibliografische Daten sind im Internet über http://dnb.d-nb.de abrufbar.

Wollgrasweg 41, 70599 Stuttgart (Hohenheim)
E-Mail: info@ulmer.de
Internet: www.ulmer.de
Umschlagentwurf: Sojus Design, Kai Twelbeck, Stuttgart
Titelfoto: Christine Steimer
Satz: r&p digitale medien, Echterdingen
Repro: Timeray, Herrenberg
Druck und Bindung: Firmengruppe Appl, aprinta Druck, Wemding, Germany
Printed in Germany

ISBN 978-3-8001-6733-3